Beyondコロナの日本創生と土木のビッグピクチャー提言

人々のWell-beingと持続可能な社会に向けて

公益社団法人 土木学会
「コロナ後の”土木”のビッグピクチャー」特別委員会

JSCE 公益社団法人 土木學會 Japan Society of Civil Enginee

illustrated by 中嶋伸恵（おでかけカンパニー）
designed by 中央復建コンサルタンツ株式会社

CONTENTS

Beyondコロナの日本創生と土木のビッグピクチャー

―人々のWell-beingと持続可能な社会に向けて―

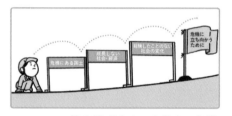

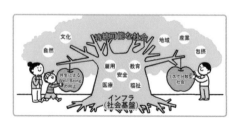

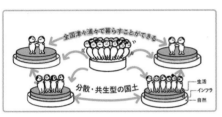

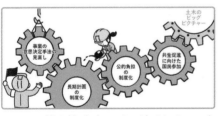

illustrated by 中島伸恵（おでかけカンパニー）

はじめに

社会を取り巻く環境の大きな変化と国難ともいえる危機に多くの国民が協調して立ち向かうためにはこれからのあるべき社会について長期的に全体を俯瞰する「ビッグピクチャー」を示し、共有することが重要だと考えています。そのビッグピクチャーには、現状の種々の制約に縛られず、未来志向で、従来からの価値観の転換を図り、時代の変化に適応することが求められます。

そのため、

①「経済効率性を過度に重視した社会」でなく「持続可能で、誰もが、どこでも、安心して、快適に暮らし続けることができるWell-being社会」の指向

②近い将来生起する可能性の高い巨大地震やパンデミックとなったコロナ禍を通じて顕在化した巨大都市の脆弱性のリスクを軽減するための分散・共生型の国土の形成と国土強靭化の加速

③経済安全保障を確保しながらの持続可能な地方創生、農林水産業の再評価や再生エネルギーの活用、保健医療体制や教育体制の確立などに対する支援強化と、交流連携を促進し地方が特色を活かして自立的に発展していくことに資する交通と情報のネットワーク強化と整備の加速

といったことが大切になると考えます。

土木が対象とするインフラストラクチャー(以下、インフラと記す)は生活経済社会の下部構造、基盤であり、生活経済社会の変化に応じて高度化・進化していくことが欠かせません。またインフラを実空間で構築するためには長い時間を要することから、事前的・先行的に計画的・効率的な整備・保全を図ることが極めて重要になります。

一方で、デジタルトランスフォーメーションやカーボンニュートラルの推進とともにインフラはその機能の再定義が求められています。量から質へ、点から線・面へ、モノからコト・サービスへ、単独から連携強化へ、他分野との連携を強化しながら、国民の基本的権利としての観点や質的評価が求められています。

未来志向に立てば、インフラ整備に終わりはありません。将来世代のための礎を築くことにゴールはなく、常に道半ばです。生活経済社会の下部構造、基盤であるインフラは、今後も生産性向上を目指していくためにも、生活経済社会の再構築のための積極的なインフラ投資が求められます。

欧米諸国では未来志向に基づく社会経済再構築のための積極的な投資が進められています。一方、我が国の現状の社会資本整備投資は、「防災・減災、国土強靭化」「維持管理・更新」にそれぞれ約 3 割の予算が充てられ、未来に対する先行投資、次世代が躍動する基盤を築くための「成長基盤整備」は約 4 割です。暮らしの安全確保と現状の水準を維持しつつ、未来の負の遺産とならないように、成長基盤への長期的な投資を確保することも求められます。そのため、ビッグピクチャーを実現する制度として、長期計画の制度化や事業の意思決定手法の見直し、公的負担のありかた、共生促進に向けた国民参加が必要と考えます。

今後は、土木学会 8 支部での学生など若者を交えての議論の中で提案された宇宙、空から海底、地下までの未来に対する提案を活かせるように、さらに議論をおこない、検討を深めるとともに、国民の皆様のインフラへの理解向上を図りつつ、持続可能な社会の礎を築く土木技術者の使命を果たしていきたいと考えています。

趣旨－ビッグピクチャーを土木学会から発信する意義

1

第１節. 提言の背景

土木の営み

地形や気候の面で厳しい自然環境の中にあり、また地震や台風、豪雪、土砂災害など、常に自然災害の危険にさらされているこの国において土木は、自然や国土に働きかけ、安全に、安心して人々が暮らすことのできる基盤－インフラ－を営々と築き、蓄積してきました。

現代社会は、土木が営々と築いてきたインフラという基盤が生活経済社会を支える下部構造として「あたりまえ」に存在し、機能することを前提としており、その上で経済活動や文化的活動など、さまざまな営みが行われています。

人々の生活経済社会の営みとインフラは不可分な存在です。

しかし、今存在するインフラは一朝一夕にできあがったわけではありません。過去の人たちが未来への願い・思いを込め、その当時に使うことのできたリソースを用い、将来長い期間にわたって得られる利得や安全のため、時間をかけて構築したものです。そのインフラが今のわたしたちの「あたりまえ」の暮らしを支えてくれています。

土木は生活経済社会に必要な河川堤防や港や道路などのハード・インフラだけではなく、それらを活用するための諸制度や社会における合意形成の取り組みなどのソフトも併せて構築してきました。土木はこれらを含めた社会のインフラの多くを構築してきたと自負していますが、本提言ではそのようなインフラを社会の礎としてあらためて強調したいと考えています。

では、次世代、さらに先の世代が暮らす社会の礎は、これまでと同じでしょうか。またその礎はこれまでと同じ考え方や方法で実現できるのでしょうか。それらに対しこれからの土木はどう貢献できるでしょうか。

継往開来—既往の成果を受け継ぎ発展させるー

土木学会は、創立 100 年を迎えた 2014 年 11 月に「社会と土木の 100 年ビジョン」を公表しました。このビジョンでは土木における普遍かつ不変の価値観として「持続可能な社会の礎を築く」を掲げました。

100 年ビジョンの公表から8年が経過しますが、激甚化する自然災害やインフラ老朽化、パンデミックと次々に顕在化する国難的課題に対し、土木学会では、調査研究活動を通じ、継続的に国土・インフラに関連する提言を公表してきました。

豪雨災害に関しては、治水と土地利用が連携することによる流域治水への転換、メンテナンスに関しては、第三者機関として点検・診断結果に基づき「インフラ健康診断」を公表するとともに、メンテナンスに関する国民との協働と理解促進などを提言しました。また、パンデミックに関しては、二度にわたる声明を発出し、特にパンデミックで顕在化した国民、大都市と地方および国際間等の「分断」に対応するインフラの役割と国土計画の策定の必要性を提示しました。さらに、日本の各分野のインフラの実力の実際を国際比較し、評価する「インフラ体力診断」の結果も順次公表しています。

昨今、30 年前と比べて我が国のインフラ整備水準は大きく向上したという「インフラ概成論」が散見されます。しかし、必要なのは 30 年前との対比ではなく、現状の評価、そして 30 年後 50 年後との対比です。この観点では、インフラ整備は概成しておらず、道半ばです。生活経済社会が高度化・進化し、自然災害のリスクが変化していく以上、未来志向であれば「概成」という状況はありえません。インフラが果たす役割の重要性を分かりやすく訴え、社会の礎としてのインフラを持続的かつ発展的に維持・構築していく必要性を社会の共通認識としていくことが、次世代さらに先の世代に対する現世代の責任として、極めて重要です。

模索する新しい社会

令和となって3年が過ぎ、従前から取組みが進められてきた気候変動対応やSociety 5.0 への移行などに加え、パンデミック下のさまざまな社会全体での経験を踏まえ、ウィズコロナ・アフターコロナの社会の姿を描く取組みが各分野で進められています。

それぞれ新しい観点から考え方が整理されていますが、生活経済社会を支えるインフラはある程度充足しているという概成論に立っていることやトレンド予測に基づく課題解決型の検討にとどまっていること、実現に必要な投資規模に言及されるまでには至っていないこと、及びデジタル社会のなかでの実空間のインフラの姿が必ずしも描かれていないこと等が懸念されます。

表 1.1 新たな社会課題に対する取組み状況

脱炭素/カーボンニュートラル	国は2020年10月に、気候変動の原因となっている温室効果ガスの排出を2050年までに全体としてゼロにする「カーボンニュートラル」を目指すことを宣言しました。その達成と脱炭素社会の実現に向け、「暮らし」「社会」分野を中心としたロードマップとして、「地域脱炭素ロードマップ～地方からはじまる、次の時代への移行戦略～」を2021年6月にとりまとめました。
新しい資本主義とデジタル田園都市	さまざまな弊害が指摘されている新自由主義的政策から転換し、成長戦略と分配戦略を車の両輪として掲げる「新しい資本主義」が提唱され、国ではその実現に向けた検討・取組みが進められています。 新しい資本主義では、成長を目指しつつ、成長の果実をしっかりと分配(水平展開)し、次の成長(垂直展開)に繋げるという成長戦略が描かれ、その一つが「デジタル田園都市国家構想」です。同構想では、地方と都市の差を縮めていくためデジタルインフラの整備を進め、地方からデジタルの実装を進めることで新たな変革の波を起こし、全ての国民がデジタル化のメリットを享受できる取組みの推進を図っています。 また、分配戦略の柱の一つでは、財政の単年度主義の弊害是正が掲げられています。
国土形成計画	2022年5月時点において、新たな国土形成計画の中間とりまとめに向けた検討が佳境を迎えています。新たな国土形成計画では、計画が目指す普遍的価値を提示しつつ、さまざまな観点から、2050年を見据えた国土づくりの具体的目標と目標実現の道筋を示す議論が行われています。

土木の営み
● 社会の礎－インフラを築く
● ハードだけでなくソフトも構築
継往開来
土木学会のこれまでの取り組みの成果
既往の成果を受け継ぎ発展させる
模索する新しい社会
● 気候変動対応
● Society5.0
● コロナ後の社会
⋮

第 2 節. 共有すべき日本の危機

危機にある国土

日本の国土には、近い将来、甚大な被害をもたらす巨大地震が高い確率で発生することが予想されています。また、地球規模の気候変動に伴い、近年風水害がますます激甚化・頻発化し、被害が拡大しています。他方、こうした自然の猛威から国土を守るべきインフラは依然として不足し、さらに老朽化も急速に進行しています。

国内の社会状況に目を向けると、人口の東京一極集中が引き続き進行し、都市部で災害時のさまざまなリスクが高まっている一方で、地方では都市部との経済格差が拡大し、社会の機能維持が困難な地域がますます増えています。また、国民の分断が意識されるようになっています。

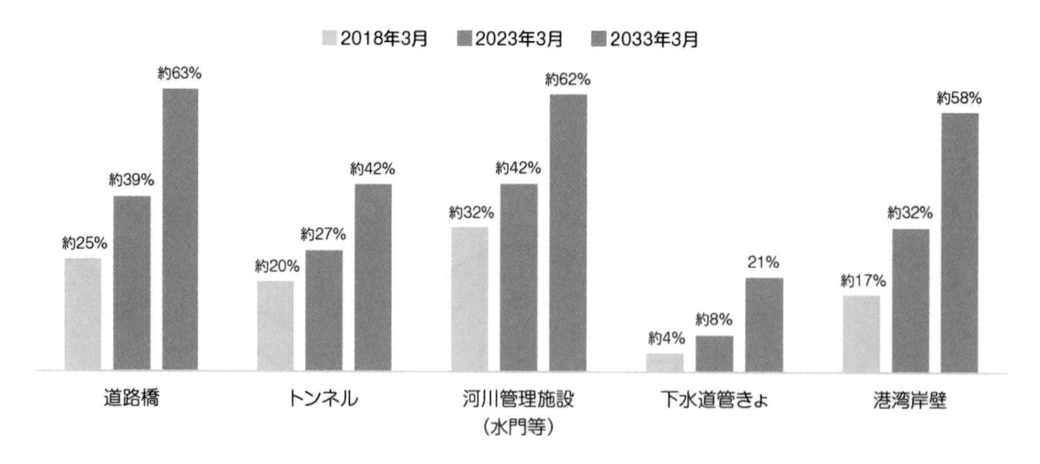

出典：国土交通白書2021（国土交通省）

図 1.1 インフラ老朽化の急速な進行（建設後 50 年以上経過する施設）

成長しない社会・経済

我が国では少子化が急速に進行し、2010 年頃より人口減少期に入っています。次世代を産んで育てるというあたりまえのことが、日本社会では縮小しているのです。

また、20年以上デフレによる経済の停滞が続き、今や成長しないことが常識のようになっています。国の外に目を向けると、この四半世紀、途上国と言われていた国々は発展し、西欧諸国でも、1996 年を基準として、2020 年段階で、アメリカ 2.59、カナダ 2.56、イギリス 2.37、フランス 1.84、ドイツ 1.75 と GDP を倍増させています。反面、日本の GDP は 1.01 とほぼ伸長がなく、G7 諸国の中で日本だけが成長から取り残されています。

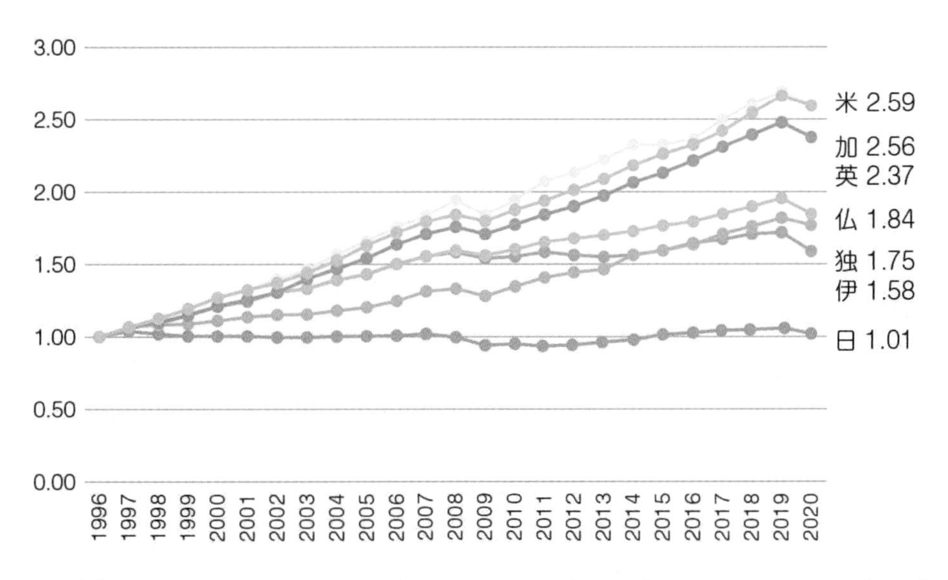

出典：United Nations, National Accounts-Analysis of Main Aggregates（AMA）より土木学会作成

図 1.2 GDP の推移（1996 年を 1 とする）

経験したことのない社会の変化

さらに近年では、これまで経験したことのない大きな社会の変化に見舞われています。

地球環境問題への対処のため、国際社会からはあらゆる分野での脱炭素化が要請されています。新型コロナウイルスの世界規模での感染拡大により、その対応と経済活動とのバランスが求められています。また、ビッグデータ収集技術と AI の進歩に伴う個人データ等の偏った活用による社会の分断や格差の拡大、あるいは巨大プラットフォーマーの寡占による利益と社会の不利益との不均衡拡大なども新たな社会問題に浮上しました。さらに、国際情勢の緊迫化により、経済安全保障と国防の強化が喫緊の課題となりつつあります。

次々と降りかかるこれら難題のため、日本社会はますます先行きが不透明になってきています。

危機に立ち向かうために

これまで長年指摘されてきた日本の危機は、いまだ解決されず、依然として継続しています。加えて、これまで経験したことのない新たな課題にも対応しなければならず、日本はより困難な国家運営に直面しているといえます。こうした中、日本は引き続き持続可能な社会を維持していくことができるでしょうか。土木はそのための礎を本当に築くことができるでしょうか。

この問いに答えるためには、我々が目指すべき社会をあらためて共有し、それに近づくための土木の役割を包括的に検討し直す必要があります。

新型コロナウイルスによるパンデミックという試練を経験した今、危機感を共有しこれからの大きな変化の時代に対応できる礎を築くには、先人達が築いてきたものを引き継ぎつつも、土木、インフラを含め生活経済社会の価値観について発想を転換し、「Beyond コロナの日本創生と土木のビッグピクチャー」を策定し、計画的・効率的・事前的・先行的なインフラ整備・保全に努めていくことが必要です。

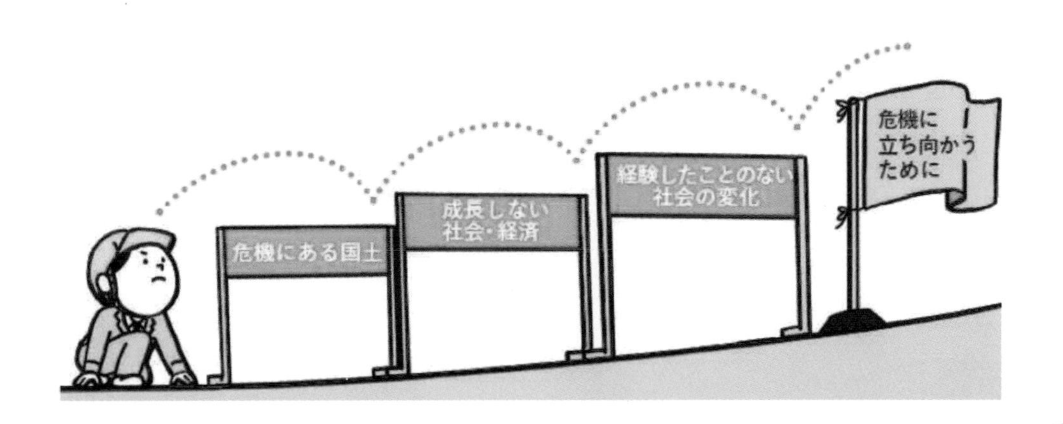

第３節.「ビッグピクチャー」の策定

ビッグピクチャーとは

「ビッグピクチャー」とは、多くの人々が信頼して共有し得る全体最適の将来見通しや全体俯瞰図を指します。日本のインフラ・国土の将来を考えるにあたり、生活や経済社会との関わりの中で全体を大所高所から見渡し、現在に種々の制約を受けた「未来予測」ではなくこうありたいという「未来像」として、国と国、地域と地域、人と人、人と自然が共に豊かに発展する社会－共生（ともいき）を実現するための国土像と、それを支えるインフラのありかたを描いたものが「土木のビッグピクチャー」（長期的全体俯瞰図）です。

この「土木のビッグピクチャー」を提言というかたちで、土木の専門集団である土木学会で検討を重ね、発信することにいたしました。

本提言の策定経緯

本提言の作成にあたっては、産学官の集合体であり、全国に8つの支部を持つ土木学会ならではの特色を活かし、初めに絵姿・答えありきでなく、「開かれた土木学会」としてプロセスを重視して、インターネットを活用しつつ学生・若者をはじめ可能な限り多くの意見を聴取しました。そして、行政や他人任せでもなく、多くの国民・会員が主体的に各自の絵姿や想いを語り合い、これからの時代に合致したストーリー、そして夢・希望の持てる国土や地域のありかたについて検討した成果を取りまとめたものです。

① 学会誌における各界の有識者と土木学会長との対談・座談会

② メディアプラットフォーム「note」を活用「#暮らしたい未来のまち」という投稿コンテスト

③ 土木学会の各支部における学生や産官学の技術者を中心とした「それぞれの地域の未来像」に関する積極的な議論

④ (一財)国土技術研究センター(JICE)による「社会資本に関するインターネット調査」

本提言の構成

本提言の構成は次頁のようになっています。

はじめに

第1章　趣旨－ビッグピクチャーを土木学会から発信する意義

第1節　提言の背景

土木の営み
- ハード・インフラだけでなく、ソフトも併せて構築
- インフラは社会の礎

継往開来―既往の成果を受け継ぎ発展させる―
- 100年ビジョン
- インフラ健康診断
- インフラ体力診断
- 豪雨災害、老朽化、パンデミック等に対応する提言・声明
- インフラの発展的な維持・構築

模索する新しい社会
- 脱炭素／カーボンニュートラル
- 新しい資本主義とデジタル田園都市
- 国土形成計画

第2節　共有すべき日本の危機

危機にある国土 / 成長しない社会・経済 / 経験したことのない社会の変化 / 危機に立ち向かうために

第3節　「ビッグピクチャー」の策定

ビッグピクチャーとは / 本提言の策定経緯 / 本レポートの構成

第2章　基本的考え方

第1節　ありたい未来の姿

危機を乗り越え持続可能な社会へ / 安心して快適に暮らし続けられる社会 / 共生によるWell-beingの更なる向上

↓

持続可能な社会を目指し、誰もが、どこでも、安心して、快適に暮らし続けることができるWell-being社会

第2節　転換すべき社会の価値観

縮小を前提とする価値観からの転換 / 過度な効率性重視から共同体（共生）を重視した価値観へ

第3節　インフラの価値観の転換

- 効率性から平等性・公平性、さらにその先へ
- 自然、文化伝統継承のための時間を超えた働きかけ

第4節　土木の貢献と責任

「ありたい未来の姿」に向けた土木の貢献の方向性
- リスク分散型社会の形成
- Well-beingの更なる向上

リスク分散社会のための国土のあり方
- 空間的な分散型国土の形成（国土強靭化、地方創生、経済安全保障等）

土木が果たすべき持続的な責任
- 100周年宣言（安全、環境、経済、生活）→新たな危機を踏まえた具体的な取り組み

第3章　ありたい未来を実現するために

第1節　目指す国土像

分散・共生型の国土

第2節　土木ビッグピクチャーの政策とインフラ

(1) 分散・共生型の国土の形成

国土強靭化
- 基幹インフラの整備
- 総合的な災害対策
- 最悪の事態に備えた事前復興対策

地方創生
- 安心・快適に暮らせる基盤拡充
- 共同体として地域を維持・保全していくための基盤形成、地域アイデンティティの確立
- 交流を通じた相互理解（訪日外国人含む）

経済安全保障
- エネルギー・食料の自給率向上、エネルギー地産地消のためのインフラ整備
- 国際競争力強化のための国際物流の効率化
- 国際的な視野、多様性からの投資・開発

インフラメンテナンス
- 点検診断の継続実施と予防保全
- インフラのイノベーション（耐久性・環境性能の付加等）

脱炭素化（カーボンニュートラル）
- 再生エネルギー開発に応じたインフラ改良
- グリーン燃料輸入需要への対応

グリーンインフラと生物多様性
- 防災、気候変動適応等に資するグリーンインフラの展開
- 生物多様性の保全・再生

DX社会への対応
- インフラに関する全プロセスにおけるDX対応
- 交通システムの高度化

(2) エリア別のイメージ

農山漁村 / 地方都市 / 大都市圏

第3節　土木のビッグピクチャーを実現する制度

(1) 長期計画の制度化
- インフラ長期計画の法制度化
- 地域の長期計画の法制度化
- 長期計画における計画プロセスの法制度化

(2) 事業の決定手法の見直し
- B/Cによらない判断（安心、快適、共生を目指すインフラ）
- こうありたい未来に向けた事業決定

(3) 公的負担の制度化
- 巨大災害を想定した事前復興対策のための財源確保
- 地域公共交通の公的負担制度
- インフラ空間の多様な活用を促進する公的負担制度

(4) 共生促進に向けた国民参加
- 共生促進のために国民参加を制度化する意義
- インフラに広く関わる国民参加の制度

第4章　土木の裾野の拡大と土木技術者の役割

第1節　土木の裾野の拡大

(1) インフラの役割・意義に対する理解の促進 / (2) 人材の確保と育成

第2節　土木技術者の役割

(1) 国際社会への貢献と国際化する日本での活動 / (2) 土木技術者の使命

おわりに

図 1.3　提言の構成

COLUMN 1 インフラ体力診断

「日本インフラの体力診断」は、現時点における日本のインフラの充実度（不十分さ）を、できるだけ諸外国と比較しつつ評価し、その結果を広く国民のみなさまに知ってもらうという土木学会の活動です。

日本のさまざまなインフラについて量的・質的な状況を他国との比較も含めて「見える化」し、結果をわかりやすく取りまとめて「見せる化」で社会に実情を示し、さまざまなインフラの質と量において、諸外国と比べて何が優れもしくは遜色ない水準にあり、何が立ち後れ不十分な水準なのかを明らかにし、今後どんな飛躍が求められるのかを打ち出すことを目的としています。

2021 年には、道路（高規格幹線道路）、河川（治水）、港湾（コンテナ港湾）の 3 分野の診断を公表しました。

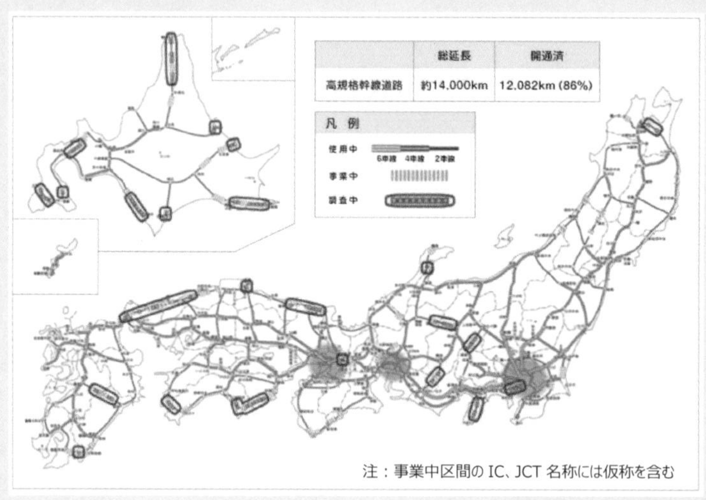

2021 年 4 月 1 日時点
出典：国土交通白書

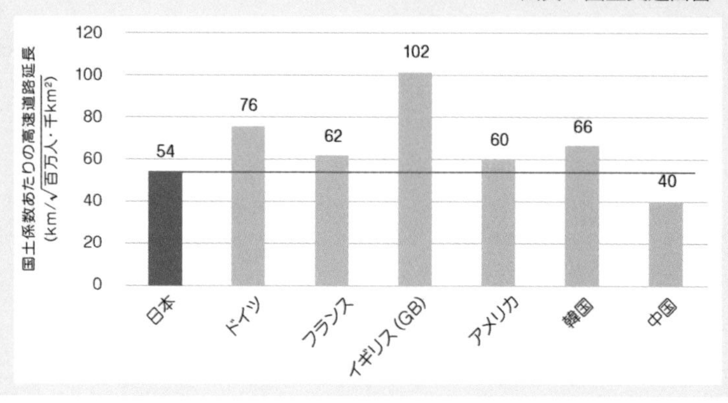

その結果を見ると、例えば高幹線道路では、ＥＴＣのような全国的に統一されたシステムを運用し、ＳＡ・ＰＡの質を向上させるなど、国際的に見て日本が優れている点も多々ありますが、2021 年 4 月時点で計画延長の 14%は未開通であり、事業化もされていない区間が西日本や北海道に多く偏在していたり、人と人とを繋ぐ、国土を覆うという観点から、人口 （P） と面積 （A） で算出した国土係数（√PA）で基準化した道路網密度で比較すると、日本の高速道路延長は他国と比べ短いという現状が浮かびあがるなど、まだまだ不十分な状況も見て取れます。またコンテナ港湾については、世界で船舶の大型化が進む中、他国の港湾と比較すると、開発のスケールが大きく異なっており、大型コンテナ船が入港可能な 16m以深岸壁の整備状況は遅れている状況が見て取れます。

「既に日本のインフラは概ね完成している」というインフラ概成論に対して、各国で進むインフラ整備や進化の状況などを踏まえ、国際的な比較の中で、日本のインフラには何が足りていないか、何を加えるべきかという議論のための資料や意見を提示しています。

2022 年 7 月には都市鉄道、下水道、地域公共交通の 3 分野の診断結果を報告しました。また 2023 年の公表に向け新幹線、都市公園の診断に着手しています。

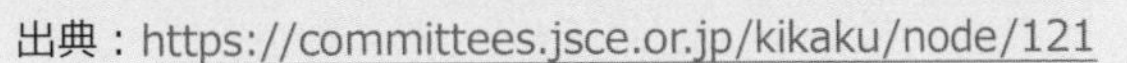
出典：https://committees.jsce.or.jp/kikaku/node/121

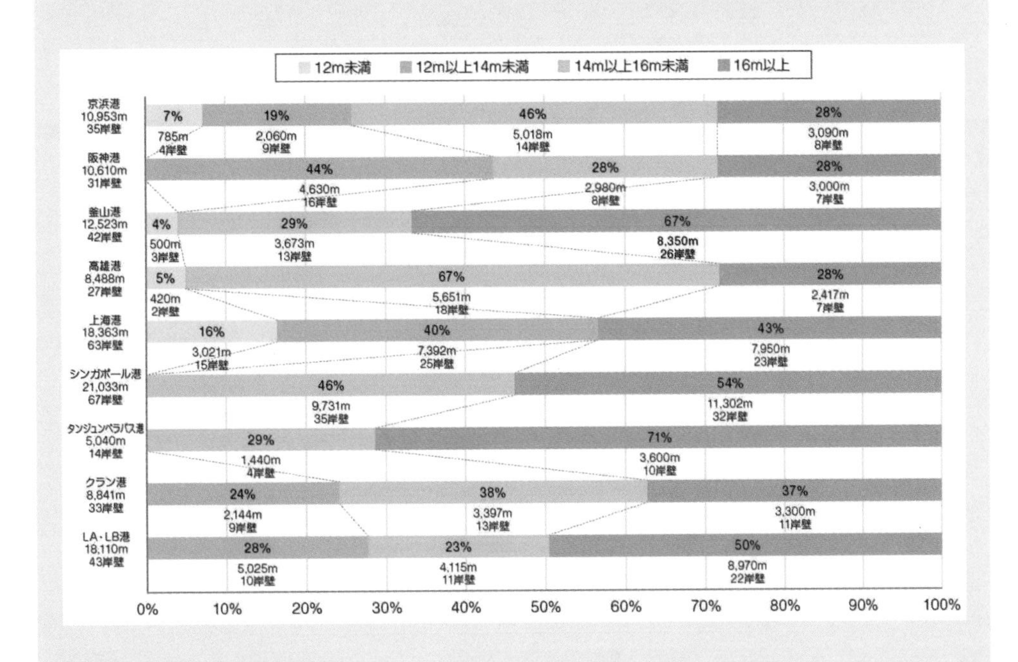

COLUMN 2　社会資本インターネット調査

近年の社会情勢の変化（気候変動の影響等による災害の激甚化・頻発化や新型コロナウイルス感染症の流行など）によるインフラに関する国民意識の変化等を調査することを目的に（一財）国土技術研究センター（JICE）が実施したものです。2017年と2021年に実施され、2021年の調査は土木学会と連携して実施されました。

調査期間 ： 2021/4/27～5/6

方法：調査方法　登録モニターによるインターネット調査

調査対象：サンプル数3000人

※各都道府県の人口比を踏まえたサンプル割り付け

※性、年齢はブロック内で均等に割り付け

調査時期：2017年　および　2021年

※両者ともゴールデンウィークに実施

※今後も定期的に実施予定

主な設問項目

①社会・生活に関する不安度・重要度など

②社会資本の現状の充足度評価や今後の整備保全のありかたなど

③日本の将来のあるべき姿など

全体的に高まる社会・生活への不安

・不安度が高まっている項目は「活力・交流」に関するものおよび「安全・安心」に関するものが多い。
・2017年調査と比較して、2021年調査では、全体的に不安度が高まっている。

Q 各々の項目について「日本全体や社会のこと」として、不安を感じるかどうかお答えください。

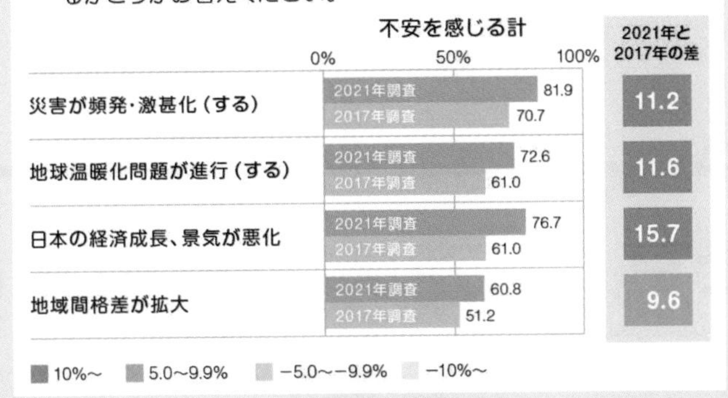

図表出典：土木学会誌 2022 年 6 月号

十分認知されていない社会資本に関する課題等

・社会資本の維持・管理の重要度の増大について、「知っている」計は5割程度であり、2021年調査と2017年調査でほぼ変化がない。
・社会資本に関する課題等は、いまだ十分認知されていると言える状態ではない。

Q 今後、戦後の急成長期以降に急速に蓄積してきた膨大なインフラ（社会資本）が耐用年数を迎え、増加する維持管理・更新費用への対応が大きな課題となることをあなたはご存じですか。

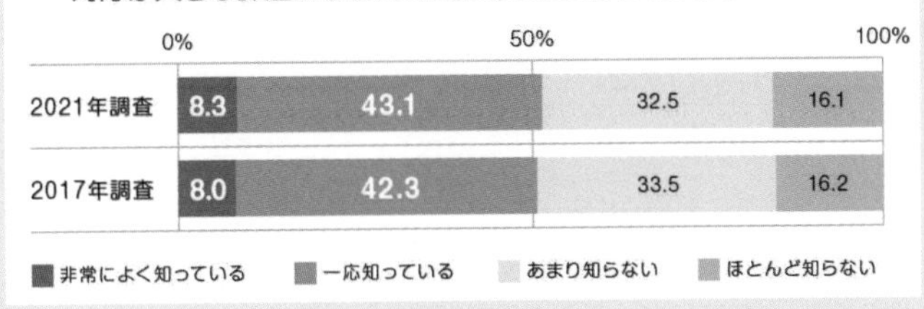

図表出典：土木学会誌 2022 年 6 月号

COLUMN 3　note コンテスト「＃暮らしたい未来のまち」

2021 年 9 月 8 日から 2021 年 10 月 3 日まで、メディアプラットフォーム「note」上で展開した投稿コンテスト「＃暮らしたい未来のまち」には、947 名 1,224 件、文字数にして 2,164,685 文字の応募がありました。

投稿作品へは期間中 175,637 回のページビューがあり、多くの方に参加いただけました。

■入賞作品

グランプリ	「ちょっと近いが一番たのしい」場所を残す未来
審査員特別賞	表情（かお）のある街に暮らしたい。 人と自動車のための未来都市 韓国生活 20 年。神戸・東京・ホノルル…そしてソウルへ。
JSCE 賞（2 編）	文化を自己決定する街／ デジタル時代に目指す「まち」の姿とは【暮らしたい未来のまち】
入賞（5 編）	生きものとしてのまち／ 都会だけではなく、田舎は田舎のまま新しい発展を目指してほしい／ 時を超えて守る／もし道端にブロッコリーが落ちていたら／ ゆっくりと呼吸するまち

（受賞作品 https://note.com/info/n/n9f7a48531cd4）

また募集に用いたハッシュタグ「＃暮らしたい未来のまち」は現在も note 投稿のタグとして残っており、コンテスト期間終了後も継続して新たな投稿が生まれています。

基本的考え方

2

第１節. ありたい未来の姿

危機を乗り越え持続可能な社会へ

土木学会は2014年、「社会と土木の100年ビジョン」を策定し、その中で、究極の目標とする社会像として「持続可能な社会」を掲げ、その礎を築くことを土木の目標としています。

ビジョン策定から8年が経過しましたが、その間にも社会は大きく変化し、地方の一層の衰退や格差の拡大等、さらに多くの難題が日本社会に立ちはだかっています。これら深刻化する危機に立ち向かわなければ、あるべき究極の目標である「持続可能な社会」を目指すことも難しいと考えます。そこで危機を乗り越えるための方向性として、まず「ありたい未来の姿」を構想して示した上で、そのような姿に如何に近づけるかを検討することが必要と考えました。

「ありたい未来の姿」という問いは、突き詰めれば「我々一人ひとりがどのような未来を望むのか」という問いです。個人にとっての「ありたい未来の姿」とは、生涯にわたり「肉体的にも、精神的にも、そして社会的にも、すべてが満たされた（Well-being）状態」（世界保健機構憲章より）であることに異論はないと思います。これを社会全体で捉えれば、すべての人が Well-being を感じられる社会がありたい未来の社会の姿だといえます。これは「誰もが、どこでも、安心して、快適に暮らし続けられる状態」と言い換えることができます。

安心して快適に暮らし続けられる社会

安心して暮らし続けるためには、「安全」、「医療」、「雇用」、「教育」、「福祉」などが最低限必要なサービスになるでしょう。これらを医学分野の「機能障害がない状態」のWell-beingを参考にあらためて解釈すると次のように説明できると考えます。

表 2.1 安心に暮らす状態、そのため社会から提供される基本的な条件

安全	日本中どこでも、災害などで突然生命・財産を失うことがない
医療	住んでいる場所によらず、最新の医療が受けられる
雇用	仕事に就き基本的な生活を支える所得が得られる
教育	生まれ育った場所によらず、なりたい自分になるための教育が受けられる
福祉	子育てに困ることのない支援を得られる

すなわち、「安全」については「日本中どこでも、災害などで突然生命・財産を失うことがない」状態、医療については「住んでいる場所によらず、最新の医療が受けられる」状態です。国や地方自治体等、社会が機能を提供することが原則であり、そのもとで個人にとっても「機能障害がない状態」が同時に実現されると考えられます。その意味で社会から提供される基本的な条件といえるものです。これらが満たされただけでも、人々がその場所に暮らし続けることを通じ、地域の伝統文化や自然が保持され、日本文化の多様性を維持できる地域が少なからずあると考えます。

しかし、Well-being をより広くとらえ、より満たされた状態を含めて考えるなら、「快適な環境のなかで暮らし続ける」ことも極めて大切な条件になります。そこで快適な環境を「自然」、「文化」、「地域」、「産業」、「包摂」の 5 つの分野から考察し表 2.2 の上段に示しました。たとえば、「自然」については「豊かな自然環境に恵まれる」状態、文化については「伝統・文化に触れられる」状態です。また、地域のイノベーションの推進により産業の活性化や投資の拡大が誘発され、地域の雇用の拡大と経済成長が図られます。これら安心と快適に関わるすべてが満たされた状態が「安心して、快適に暮らし続ける」状態ということができるでしょう。

表 2.2 快適な環境に暮らす状態、個性ある地域を創る条件(上段:個人、下段:共生)

自然	豊かな自然環境に恵まれる 豊かな自然環境を形成できる
文化	伝統·文化に触れられる 伝統·文化を継承し発展できる
地域	強靭で自立的な地域に暮らせる 強靭で自立的な地域を形成できる
産業	地域のイノベーションに関われる 地域のイノベーションを推進できる
包摂	国際·観光を含む多様な交流に関われる 国際·観光を含む多様な交流を促進できる

共生による Well-being のさらなる向上

地域における共生は、自然との共生を含め、共に生きることであり、そのこと自体が重要であると考えています。日本は地震や台風など自然災害が多く、その中で平時から自然と折り合い共生してきました。また、災害時の自助·共助·公助の取組みに加えて、地域における省エネのための協働、地域の魅力向上のための共創、他地域の抱える問題への共感など、広く人間社会における共生の主体的な取組みが各地で推進され、地域における Well-being を一層向上させていることも考えられます。これらの共生は持続可能な社会を目指す上であらためて重要な理念であると考えます。

表 2.2 の 5 つの分野は、上段に示した「個人が受け手の立場で得られる状態」に留まらず、下段に示した「共生の理念のもとで地域の人々が自ら関わり、共同して個性ある地域を創るための条件」としても考えることができます。個人として「豊かな自然環境に恵まれる」ことに留まらず、共同体として「豊かな自然環境を形成できる」ということ、個人として「伝統·文化に触れられる」状態に留まらず、共同体として「伝統·文化を継承し、発展できる」ということです。

このように考えると、「ありたい未来の姿」を個人の幸せの追求のみで描くことは適切ではないでしょう。持続可能な社会の形成に向けて、気候変動や生物多様性は世界共通の重大な課題であり、甚大な災害の頻発する日本で、地域の防災・減災も同様に重要な課題であることは明らかです。これらに総力で取り組む社会を「ありたい未来の姿」として共感する人々も益々増えていくと考えます。

以上より、本提言では、共生による Well-being の向上を前提とする、ありたい未来の姿を**「持続可能な社会を目指し、誰もが、どこでも、安心して、快適に暮らし続けることができる Well-being 社会」**と総括して提案します。

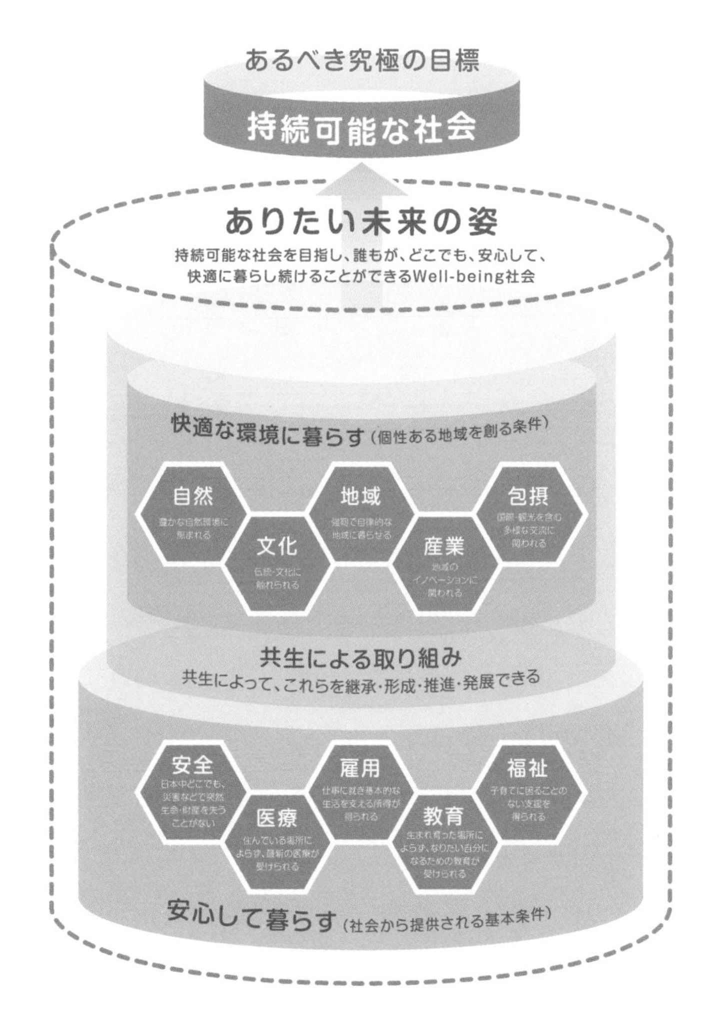
あるべき究極の目標
持続可能な社会
ありたい未来の姿
持続可能な社会を目指し、誰もが、どこでも、安心して、
快適に暮らし続けることができるWell-being社会
快適な環境に暮らす（個性ある地域を創る条件）
自然
豊かな自然環境に恵まれる
文化
伝統・文化に触れられる
地域
強靭で自律的な地域に暮らせる
産業
地域のイノベーションに関われる
包摂
国際・観光を含む多様な交流に関われる
共生による取り組み
共生によって、これらを継承・形成・推進・発展できる
安全
日本中どこでも、災害などで突然生命・財産を失うことがない
医療
住んでいる場所によらず、最新の医療が受けられる
雇用
仕事に就き基本的な生活を支える所得が得られる
教育
生まれ育った場所によらず、なりたい自分になるための教育が受けられる
福祉
子育てに困ることのない支援を得られる
安心して暮らす（社会から提供される基本条件）

図 2.1 本提言における「ありたい未来の姿」

第２節. 転換すべき社会の価値観

いまだ解決できていないさまざまな危機に立ち向かい、「ありたい未来の姿」を実現するためには、これまでの日本の社会システムやその基となっている価値観をあらためて見直し、勇気をもって変更・転換していくことが必要となります。SDGsに代表されるように、カーボンニュートラルや生物多様性など、かつては社会の一部でしか共有されていなかった価値観が普遍性を獲得しつつあり、「ありたい未来の姿」の実現を後押ししてくれています。その一方で、再検討が必要な旧態依然とした価値観も残っています。

本提言では、「ありたい未来の姿」を実現するために我々が転換すべき社会の価値観は、今も日本社会を覆っている「縮小を前提とする価値観」、「効率性重視の価値観」だと考えます。

縮小を前提とする価値観からの転換

日本における将来的な社会問題の原因の多くは、人口問題に起因しているといっても過言ではありません。それは、日本全体でみれば、人口の東京への過度な一極集中と歴史上経験したことのない急速な少子高齢化と人口減少です。この人口問題に社会として働きかけ、災害リスクが高く所得に比して経済的負担の大きい東京への移住をしなくて済み、地方に住み次世代を育んでいける地方づくりを前提にしなければ、日本社会の縮小が一層進んでしまうことが想像できます。それにも関わらず、日本の多くの計画は、トレンドで予測された人口シナリオを前提としています。これでは、「ありたい未来の姿」は実現しません。

地方が豊かで人が住み続け、子育てに恵まれた環境で人口が増え、健康な高齢者も増えていくといった姿を目指すために、従来の縮小型の人口シナリオから脱却し、「人口の地方分散と少子化・人口減少の緩和」へと方向転換する必要があります。そのため、縮小を前提としてきた私たちの固定観念を一旦リセットして、これを常識とせずに議論をあらためて広げることが大切です。

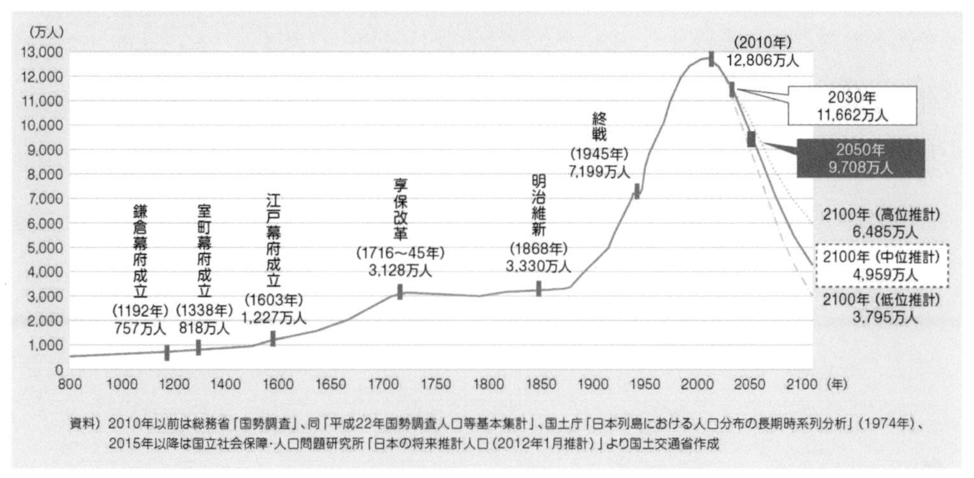

出典：国土交通白書

図 2.2 日本の人口の推移と将来予測

過度な効率性重視から共同体（共生）を重視した価値観へ

我が国において社会資本整備事業の決定は、費用対効果に代表されるような数量的尺度を主軸で行い、そうした尺度では計れない Well-being に繋がる効果やコミュニティのもたらす豊かさ、余裕・ゆとりを効率性には関わりのないものとして評価してきませんでした。阪神・淡路大震災、東日本大震災の地震災害をはじめとして、毎年のように起こる各地の豪雨災害など大きな災害やパンデミックではそのゆとりのなさが国土の脆弱性に結び付いていると指摘されてきました。近い将来には、首都直下地震や南海トラフ地震、気候変動による豪雨災害等による甚大な災害が発生すると予想される中、これまでの価値観で社会資本の整備を続けることは果たして妥当なのでしょうか。

一方で、新型コロナウイルス感染拡大により、人口が集中する大都市の脆弱性が明らかになるとともに、情報通信技術を活用したテレワークなどによりさまざまなライフスタイルが可能となり、地方、大都市それぞれの強みを活かした共生(ともいき)が可能な時代になりました。加えて自然と対峙することなく自然を保全し、自然や他者と共に生きる共生(ともいき)の価値観も求められます。

過度な効率性重視から脱却し、一律基準(効率)ではなく、共生を重視し共同体・コミュニティ単位での共通善を尊重するという新たな価値に基づいて地方の特色ある自立的な発展を促進するとともに、自然との協調を図っていく理念・価値観の醸成・共有が重要となります。

第 3 節. インフラの価値観の転換

インフラは、本来、国民・国土からの資源をもとにし、国民全体に広く安全、環境、経済、生活等に関する便益を与えるものです。すなわち、国民が相互に共同体を構成しているという共通認識が存在しなければ、インフラは存在しえないとも言えます。この意味で、インフラは個人的なものというより共同体のものです。ゆえに、その性質は、効率性だけでなく、平等性、公平性、あるいは安定性の観点からも語られる必要があります。インフラの役割は図 2.3 に示すように効率性を目指すものと、平等性・公平性を目指すものに大別できます。前者のインフラは、費用便益分析の結果をもって整備するか否かを決定すべきものです。一方で、後者のインフラは、国民が安心して暮らし続けるために必要なインフラと考えることができ、その効果が必ずしも整備費用・維持管理費用などに見合う必要はないと考えられます。

今後、「ありたい未来の姿」に向かうためには、後者を含めたインフラをどのように整備すべきか、あるいは国民の基本的な権利とインフラの役割についてどのように合意していくのかなどインフラの価値に関わる議論が重要になります。

さらに、インフラには、下部構造として私たちの日々の生活を支えるという役割に加えて、国土に残された自然や文化伝統を維持し将来世代に引き渡すための役割があります。この意味では、インフラは、空間への働きかけのみならず、時間を超えた働きかけの役割も担っています。自然や歴史的な文化・伝統を継承するうえでもインフラの役割についての議論を今後深める必要もあります。

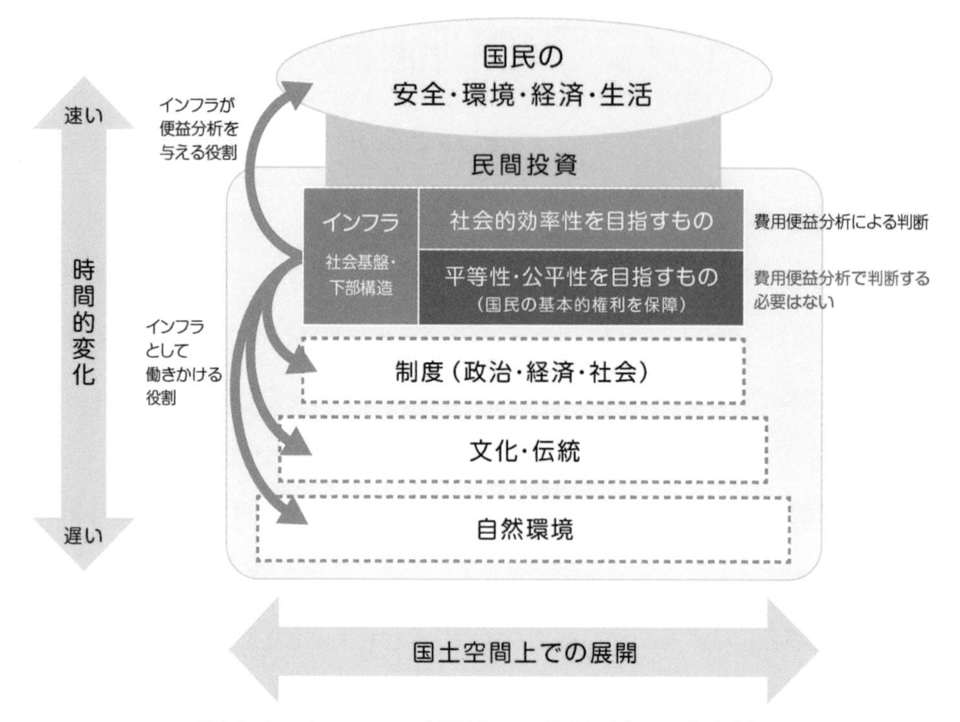

図 2.3 インフラの時間軸での役割・種別と方向性

さらにいえば、社会が共同体を重視した価値観へ転換することにより、効率と公平という従来の二分法に留まらず、共同体の Well-being を向上させる新たな価値が見出され、そのもとでインフラが強く関係付けられ必要性の根拠を持つことも考えられます。これまでのインフラの価値観を転換すべきタイミングであると考えます。これを表したものが図 2.4 です。ここで地域における新たな価値には何が考えられるのでしょうか。その点を土木の貢献と責任との関係で次に示していきます。

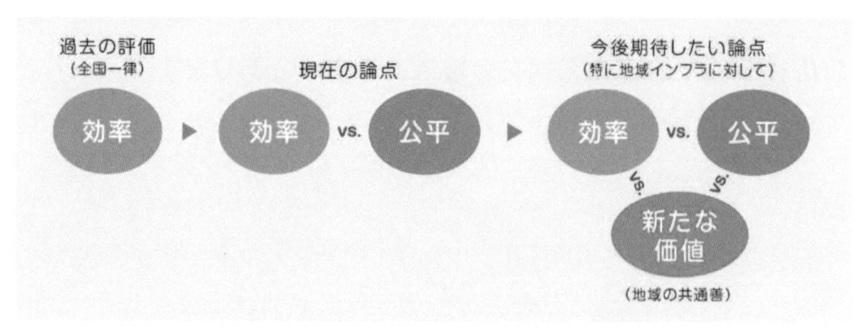

図 2.4 インフラの価値観の転換

第 4 節. 土木の貢献と責任

「ありたい未来の姿」に向けた土木の貢献の方向性

第1章で示した巨大災害リスクの増大、パンデミックで露呈した大都市の脆弱性、地方と都市の格差拡大といった今の日本の危機的な状況に対して、我々は従来の施策の延長だけでは抜本的な解決は難しいと考えました。そこで、最初に「ありたい未来の姿」を第1節で示し、その実現のために転換すべき社会の価値観を第 2 節で示すとともに、その価値観のもとで転換すべきインフラの考え方を第3節で再定義しました。

これらを踏まえると、日本固有の危機に起因するさまざまなリスクを抑制し、「ありたい未来の姿」として、「安心して、快適に暮らし続ける」ためにインフラ(社会基盤)が重要な役割を担うことは言うまでもありません。インフラの役割を、あらためて図 2.1 に描き加えたものが図 2.5 です。

すなわち、インフラは、「安心して暮らす」、「快適な環境に暮らす」ための基盤であり、その存在により安心・快適を妨げるリスクを減らすことができます。言い換えると、インフラによって「ありたい未来の姿」に近づけるため、「リスク分散型社会の形成」を目指すということが考えられます。また、共生にもとづく「Well-being のさらなる向上」が同時に必要になることは既に強調した通りです。そうしたインフラを適切に提供していくことが土木の社会に対する貢献であると考えます。

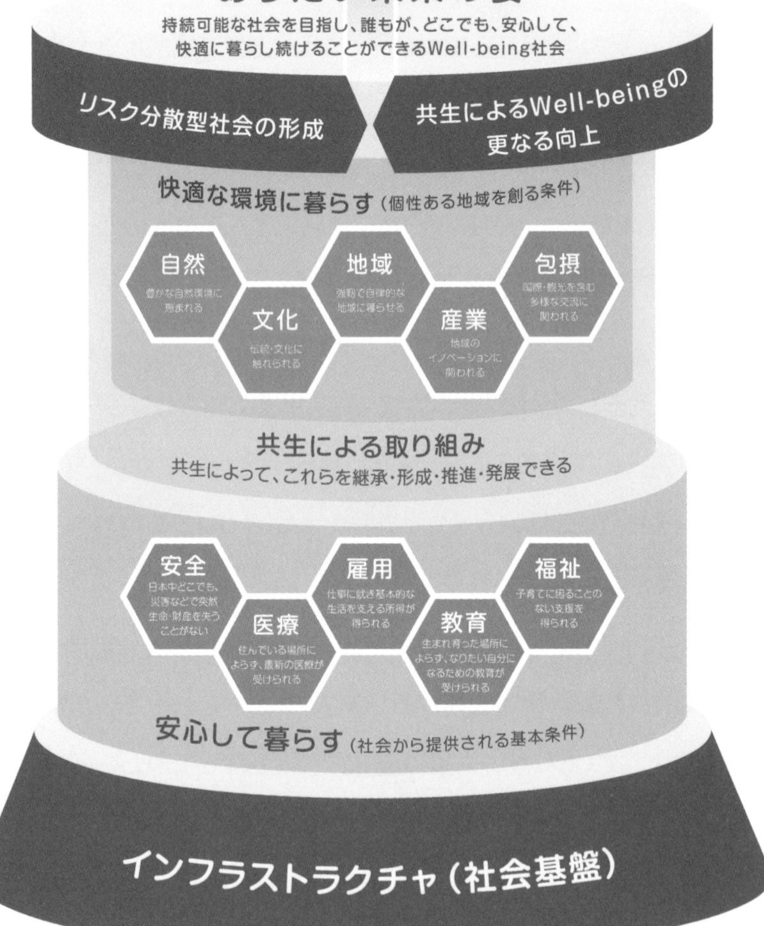
あるべき究極の目標
持続可能な社会
ありたい未来の姿
持続可能な社会を目指し、誰もが、どこでも、安心して、
快適に暮らし続けることができるWell-being社会
リスク分散型社会の形成
共生によるWell-beingの
更なる向上
快適な環境に暮らす（個性ある地域を創る条件）
自然
豊かな自然環境に
恵まれる
文化
伝統・文化に
触れられる
地域
強靭で自律的な
地域に暮らせる
産業
地域の
イノベーションに
関われる
包摂
国際・観光を含む
多様な交流に
関われる
共生による取り組み
共生によって、これらを継承・形成・推進・発展できる
安全
日本中どこでも、
災害などで突然
生命・財産を失う
ことがない
医療
住んでいる場所に
よらず、最新の医療が
受けられる
雇用
仕事に就き基本的な
生活を支える所得が
得られる
教育
生まれ育った場所に
よらず、なりたい自分に
なるための教育が
受けられる
福祉
子育てに困ることの
ない支援を
得られる
安心して暮らす（社会から提供される基本条件）
インフラストラクチャ（社会基盤）

図 2.5 「ありたい未来の姿」とインフラ（社会基盤）との関係

リスク分散型社会のための国土のありかた

リスク分散型社会は、安心して快適に暮らし続けることができる「ありたい未来の姿」に向け、その形成途上の姿を表現したものと考えられます。リスク分散型社会では、安全、環境、経済、生活のすべての面でリスクの分散が図られ、どの地域でも一層の安心が得られると同時に、快適な環境に暮らすため、個性を発揮してより魅力的な地域形成に向かう取組みが推進できます。そして、その過程では、地域における共生の取り組みによって Well-being の一層の向上が実現されると考えます。

リスク分散型社会の形成を国土の観点からみると、空間的な分散型国土の形成が重要となり、それを支えるインフラが必要となります。その際、国土強靭化、地方創生、さらには経済安全保障といった課題認識のもとでインフラを整備・維持管理していくことは、リスク分散型社会に対して土木として貢献するための必要条件と言えるでしょう。

さらに、第1章に挙げたインフラ老朽化の進行や、過度のデジタル偏重などに対しても対応していく必要があり、これらを合わせた「目指す国土像」を示す必要があります。これについては第 3 章で解説します。

土木が果たすべき継続的な責任

土木学会の 100 周年宣言では、土木の貢献と責任を安全、環境、活力(経済)、生活の各分野で明記し、それらを果たすために「あらゆる境界をひらいて取り組む」ことを宣言しています。リスク分散型社会を形成し、共生により Well-being をさらに向上することによって、「ありたい未来の姿」に近づくため、土木の貢献と責任とを、各分野に沿って具体的な取組みとしてあらためて例示しました。(表 2.3)

これにより土木の貢献と責任の分野を再確認すると同時に、それらに率先して取り組む重要性に対する理解を広げたいと考えています。そして、これらの分野の必要性について、地域で共感し、弱者を含む幅広い多数の声としてかたちにすることが、地域における新しい価値の形成につながると考えます。

これらを「あたりまえ」の前提が変化する中で実現していくことこそ、土木の責務であると考えています。

表 2.3 「ありたい未来の姿」に向け、土木が果たすべき貢献と責任

土木の貢献と責任（100周年宣言時）	新たな危機を踏まえ具体化すべき土木の貢献と責任
【安全】 安全な都市・社会の構築に貢献 インフラの安全保障とインフラ原因の犠牲者撲滅に責任	自然災害や事故の回避などによる安全の一層の確保 経済安全保障への貢献（食糧、天然資源、エネルギー等） インフラ・メンテナスの強化 切迫する巨大災害に対する事前復興 （東南海地震、首都直下地震、日本海溝地震、火山噴火等）
【環境】 生物多様性、循環型社会、炭素中立社会に貢献 インフラ原因の環境問題解消、新たな環境の創造に責任	良好な自然環境の創造 生物多様性への一層の貢献 脱炭素化社会の実現に向けた取組みの強化 グリーンインフラの積極的な活用・展開
【経済】 交流・交易の促進、 世界経済発展に貢献 土木から新産業創造に責任	生産要素（安全な土地、労働力、安価な水・電力）の提供 自己実現できる職業の提供、雇用の場づくりへの貢献 観光・健康・環境まちづくり等、活力向上の取組み 安定した国内・国際流通網（道路・港湾、通信）の提供 経済活動を止めないインフラシステムの提供
【生活】 日本の価値踏まえた風格ある都市・地域の再興に貢献 地域の個性発揮、各世代の生きがいが持てる社会構築に責任	高度医療や介護サービスの提供、健康長寿社会への貢献 高度な教育の機会の提供 生活基盤（行政サービス、公益サービス）の提供・維持 拠点都市への時間近接性の確保 地域伝統文化の維持・発展

COLUMN 4 国土強靭化基本計画

国土強靭化基本計画とは、政府が策定する、国土強靭化に関する施策の推進に関する基本的な計画です。2011 年 3 月に発生した東日本大震災を受けて施行された「国土強靭化基本法」に基づき、2014 年に策定されました。

国土強靭化基本計画では、いかなる災害等が発生しようとも、①人命の保護が最大限図られること、②国会及び社会の重要な機能が致命的な障害を受けず維持されること、③国民の財産及び公共施設に架かる被害の最小化、④迅速な復旧復興、を基本目標とし、施策分野ごとの推進方針を定めています。

2018 年、頻発した豪雨災害や地震等を受け、国土強靭化基本計画は見直され、併せて、特に緊急に実施すべき施策について、達成目標、実施内容、事業費等を明示した「防災・減災、国土強靭化のための 3 か年緊急対策」が決定されました。その後 2020 年には、3 か年緊急対策に引き続き、「防災・減災、国土強靭化のための 5 か年加速化対策」が策定され、重点的に取り組む 123 の対策について、内容と事業費等が明示されました。

このように、国土強靭化に係るわが国の施策は、国土強靭化基本計画で方針を定め、3 か年緊急対策や 5 か年加速化対策といった臨時的・時限的な対策において具体的な内容を定めています。しかしながら、今後、大規模な自然災害に適切に対処していくためには、長期的な視点で総合的かつ具体的に施策を継続することが重要であり、そのための予算を安定的に確保することが必要です。そのためには、「中長期の目標を掲げ」「達成のために必要な事業の種類と規模」を明示した長期的・恒久的な国土強靭化の計画を策定しておくことが必要です。

図出典：国土強靭化ホームページ
https://www.cas.go.jp/jp/seisaku/kokudo_kyoujinka/index.html

ありたい未来を実現するために

3

第 1 節. 目指す国土像

第2章では「ありたい未来の姿」を実現するため、まず具体的な第一歩として「リスク分散型社会の形成」と「共生によるWell-beingの向上」を目指すことを提案しました。そのような社会の形成を通じて地方の特色ある自立的な発展を促進し、過度の東京一極集中を是正するとともに、自然や歴史文化との協調・共生(ともいき)を尊重した新しい国土の形成を目指すことができると考えます。

特に、地方においては、生物多様性が保たれた豊かな自然、風土を活かした農林水産業の再評価、再生エネルギーの創出、医療・福祉の充実、芸術・文化を含む幅広い共生などを通じて「地方創生」を進めることが目指す方向です。それによって、全国津々浦々で安心して快適に暮らすことができる国土が形成できると考えます。本提言ではそれを「分散・共生型の国土」とよび、その具体的な政策とインフラのありかたを以下に提案していきます。

第２節．土木のビッグピクチャーの政策とインフラ

第１章第１節に示したように、新しい資本主義には、成長の果実をしっかりと分配（水平展開）し、次の成長（垂直展開）に繋げるという成長戦略があります。「ありたい未来の姿」に向けて、これら両方を視野に「分散・共生型の国土の形成」を目指しつつ、「未来社会への投資」を行うことが重要です。

現状の日本の社会資本整備投資は、「防災・減災、国土強靭化」「維持管理・更新」にそれぞれ約３割の予算が充てられ、未来に対する先行投資、次世代が躍動する基盤を築くための「成長基盤整備」は約４割です。

激甚災害やインフラ老朽化などによる安全に対するリスクが高まる中、暮らしの安全確保と現状の水準を維持しつつ、未来へ負の遺産とならない様に、成長基盤への投資を確保することも求められます。その際、インフラは中長期的に活用するなら適切な更新を必要とし、また技術革新による機能強化や効率化なども常に行われることから、国民の理解を得ながら「分散・共生型の国土」に向けて必要なインフラによるサービス提供を続けていかなければなりません。

（1）分散・共生型の国土の形成

①国土強靭化

分散・共生型の国土の形成を実現するには、国土全体で災害リスクを軽減していくための国土強靭化を全国規模で強力に進めていくことが必要です。このため、基幹となるインフラの整備を進めるとともに、ハード・ソフト合わせた総合的な災害対策を地域・住民とともに推進する必要があります。また、巨大地震等で最悪の事態が起きた場合に備え、早期の復旧・復興のためのインフラ整備を事前に取り組むことも重要です。

（国土強靭化のための政策・インフラの例）

・安全・安心でリダンダンシーのある広域幹線交通ネットワークの全国配置

（道路・鉄道・港湾・空港の強化）

・気候変動に対応した国土防護システムの構築

（インフラ整備とソフト対策[治水、砂防・治山、海岸防護、避難システム等]）

・都市部での防災力・発災対応力の抜本的強化

（耐震性強化、密集市街地対策、帰宅困難者対策等）

・複合・巨大災害等に備えた事前復興対策の推進

②地方創生

分散・共生型の国土が全国津々浦々に形成されていくためには、地方が、自然や歴史文化と協調・共生しながら、活き活きと自立的に発展できることが必要です。このため、安心して快適に暮らせる基盤の拡充、共同体として地域を維持・保全していくための基盤の形成等を進め、地域のアイデンティティの確立を目指します。

とりわけ、人口減少に歯止めをかけ、地域を活性化していくためには、交通・通信・産業基盤の維持・拡充を通じて、地域経済を浮揚し雇用の場を創出することが不可欠です。

観光振興においては、単に来訪者を増やすことだけではなく、交流を通した相互理解の促進も大切です。それにより、さらなる交流人口の増加や地域産業の持続可能な発展、地域のブランド化につながります。また、コロナ後の訪日外国人の増加が期待されています。多くの外国人が地方都市にも訪れてもらえるように、個性があり、外国人にとっても魅力のある地域となるための活動を強化します。

（地方創生のための政策・インフラの例）

・拠点施設の計画的配置（医療施設、教育施設、文化施設等）

・生活基盤や都市空間の再構築（市街地再生、歩行空間、自転車・モビリティ）

・公共交通ネットワーク、情報通信ネットワークの維持・拡充（鉄道、バス、航路、大容量通信施設）

・農林水産品の高品質化・競争力強化に資する基盤の整備

・地域観光資源の磨き上げとおもてなし文化の醸成

③経済安全保障

日本は、資源・エネルギー、食料の多くを海外に依存しています。これらの物資は、国民生活の維持に不可欠であり、その安定供給は、常に確保しておくべき基本的な課題です。このため、国としてこれらの自給率を向上させるとともに国内での地産地消を促し流通の効率化を図ることが重要です。

一方、それでも不足する多くの物資については依然として輸入に頼らざるを得ません。

また、輸出についても、今日の世界経済は高度にグローバル化しており、我が国製品が世界市場で勝ち抜いていくためには、国際競争力の維持・強化が極めて重要です。このため、こうした輸出入に係る国際物流の一層の効率化による、安価で安定的なサプライチェーンの構築は必要不可欠です。これらの国内・国際物流の効率化にあたっては、物流 DX 技術の活用も重要となります。

また、国際化が進む環境では、多くの外国人と交流することは不可欠であり、国籍に関係なく、訪れたい、住みたいと思えるような、「安心して快適に暮らせる国、都市」へと成長・発展することが重要です。国際的な視野、多様性の観点からの投資、開発を行い、産業競争力の維持と経済安全保障の確保に努めることが重要です。

（物流・輸送に関する政策・インフラの例）

・輸送効率化のための国際港湾・空港、およびそれらと繋ぐ全国広域幹線物流ネットワークの強化（道路・鉄道・港湾・空港）

・高効率なマルチモーダル輸送拠点の形成（交通結節点強化）

・物流 MaaS の形成（ダブル連結トラック・隊列走行、端末自動運転、トラックデータ連携等）

（エネルギーに関する政策・インフラの例）

・再生可能エネルギーの拡充（水力、風力、太陽光等）

・新技術の開発・実装（浮体式洋上風力発電、走行中給電、原子力（次世代小型炉、核融合）等）

COLUMN 5　食料安全保障に資するインフラ整備の例（津軽海峡トンネル）

北海道は、耕種農業・畜産農業といった特長的な産業をこれまで発展させてきました。日本社会において北海道の社会・経済活動は他の地域では代替不可能な役割を担っています。また今後、国内の食料自給率を少しでも高めていくためには北海道の農業分野の安定的な成長が極めて重要となります。日本が北海道の自然の豊かさを享受しつつ、その一方でデメリットを極小化していくには、北海道と本州との物流面での近接性を高めていくことが重要です。そのためには自然から与えられた環境と人間が構築していく生活環境とを接合するインターフェースとしてのインフラが必要となります。

現在、北海道と本州とは陸路では青函トンネルで繋がっていますが、青函トンネルは新幹線と貨物鉄道のみの通行で、物流の大半を担うトラック輸送はフェリーでの輸送となっています。これでは、日本全体の食料の安全保障という観点から脆弱と言わざるを得ません。このため、鉄道と道路が一体となって自動車やトラックも北海道と本州とを円滑に往来できるようにするための「津軽海峡トンネル」が検討されています。これが実現することにより、北海道の農業製品が本州において輸入製品に対して価格競争力を得られると同時に、本州の企業も北海道へより進出しやすくなります。

さらに、本州–北海道間の幹線貨物鉄道と北海道内の貨物鉄道の連携、さらには北海道内のトラック輸送との連携を図り、公共政策としてマルチモーダルな物流体系を構築します。

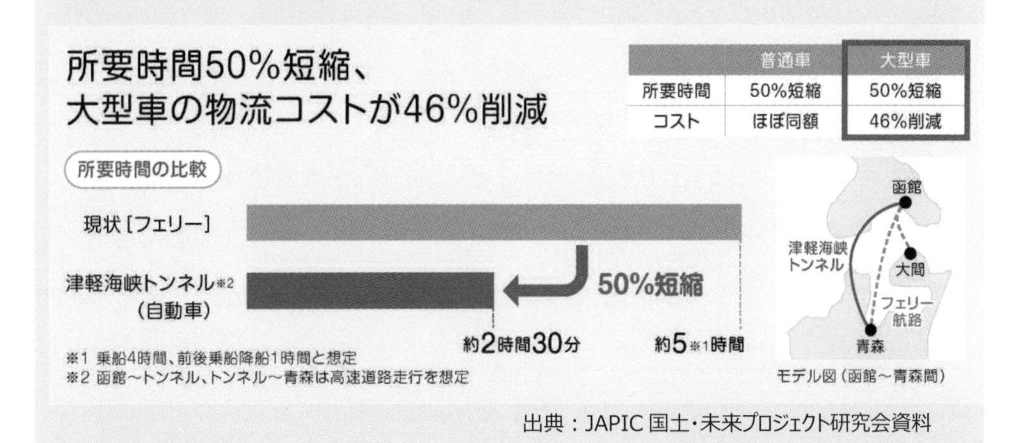

	普通車	大型車
所要時間	50%短縮	50%短縮
コスト	ほぼ同額	46%削減

出典：JAPIC 国土・未来プロジェクト研究会資料

④インフラメンテナンス

分散・共生型の国土の形成を実現していくためは、インフラの新規整備のみならず、既存のインフラを最大限活用するためのインフラメンテナンスに積極的に取組むことが重要です。インフラメンテナンスの実施にあたっては、ICTやAIを活用した点検・診断を定期的に実施して維持管理を切れ目なく行うことはもとより、必要に応じ、早めの改修(いわゆる予防保全)や更新を戦略的に実施することが必要です。その際、新設時と同様の機能に回復させるだけではなく、より高い耐久性や環境性能を付加するなど、必要に応じた高質化を図ることが重要です。予防保全には、長期的な観点でライフサイクルコストの縮減の効果が期待されます。これらの実績を重ねていくことにより、インフラメンテナンス分野のイノベーションが加速化され、法制度、契約、組織・産業が変革するとともに、国民の理解促進と共生が図られます。

一方、既存インフラを補うバックアップシステムを整備し、障害発生に備えるとともに点検補修による一時休止も可能となるリダンダンシーのあるインフラシステムを構築して、経済活動を止めないことも大切です。

さらには、国土全体のストック総量の増加を抑制する観点から、生産拠点や居住エリアの立地適正化・コンパクト化を図っていくことも必要です。

(インフラメンテナンスに関する政策・インフラの例)

- 生活・交通インフラ(上下水道・無電柱化・道路・鉄道・港湾等)の大規模更新
- 次世代点検技術の開発・普及(センサー、画像の活用、各種データの統合化)
- リアルタイム・デジタルツインの構築(状況把握とシミュレーションによる予防的対応)
- リダンダンシーのあるインフラシステムの構築

⑤脱炭素化（カーボンニュートラル）

現在、社会のあらゆる分野で脱炭素化（カーボンニュートラル）が要請されています。特に、インフラ政策・都市政策に関連する領域からのCO_2排出量は我が国の総排出量の50％を越えます。このため、今後、再生可能エネルギーへの転換や、交通機関や製造現場の電化・水素化・CO_2回収等を急速に進めていくとともに、ライフスタイルの変更等により温室効果ガス排出を抑制する社会へ転換していくことが必要です。

こうした動きに合わせ、さまざまな分野で技術開発が行われており、それに応じてインフラも改良していく必要があります。たとえば、再生可能エネルギーの切り札といわれる洋上風力発電では、浮体式発電方式の実用化のための技術開発が進行中であり、それに伴う港湾施設の改良が検討されています。また、近い将来予想されているグリーン燃料（水素、燃料アンモニア等）の輸入需要に応じ、ネットワークインフラの整備によるサプライチェーンの構築が不可欠となります。

このような脱炭素化に関わる革新的な技術の進歩に応じて、土木分野においても一層精力的に対応する必要があります。

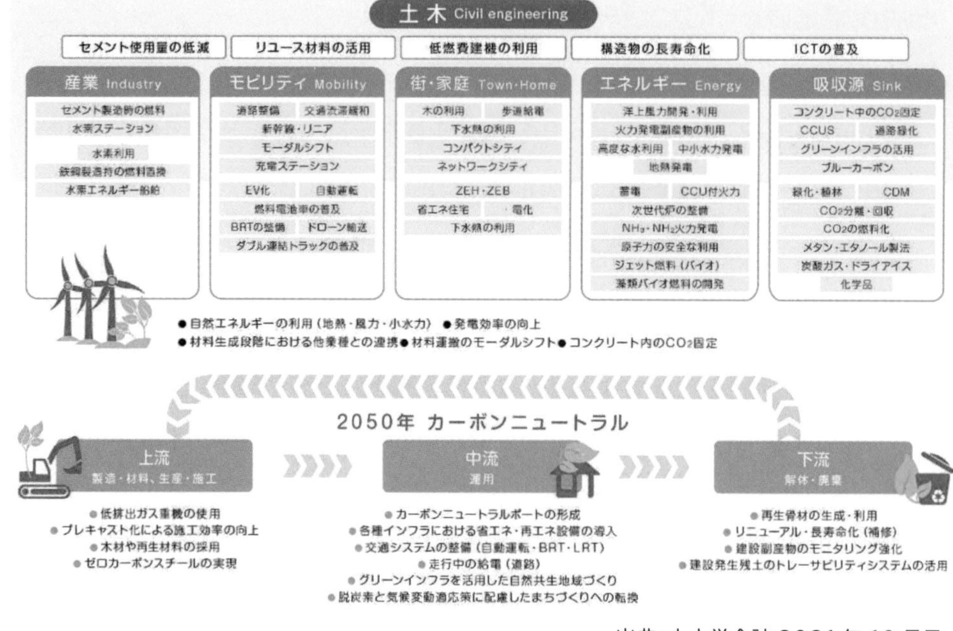

出典:土木学会誌 2021 年 10 月号

図 3.1 2050 年カーボンニュートラル達成に向けた土木での取組み(提案)

(脱炭素化に関わる政策・インフラの例)

・再生可能エネルギー(水力、風力、太陽光等)の拡充[再掲]

・交通機関の脱炭素化への対応(給電システム、水素供給システム等)

・港湾および臨海部におけるゼロカーボンの実現(カーボンニュートラルポート)

・空港の地域エネルギー拠点化(敷地を活用した太陽光発電等)

・新技術の開発・実装(浮体式洋上風力発電、走行中給電、原子力(次世代小型炉、核融合) 等)[再掲]

⑥グリーンインフラと生物多様性

自然が持つ多様な機能を賢く利用するグリーンインフラは、防災、気候変動適応、コミュニティ形成、教育、健康、周辺への経済波及など多方面の効果が見込めます。生態学の知見も取り込み、当面の人口減少社会の中で自然環境に戻せる土地は戻しつつ、そこから多様な恩恵を受けながら、 自然環境が有する機能を引き出し、地域課題に対応していくことを通して、自然と共生する社会、持続的な国土を形成するため、施設というモノとしてのグリーンインフラと、土地利用としてのグリーンインフラを展開していく必要があります。

またグリーンインフラの展開により生物多様性の保全・再生を図ることは、食文化に代表される地域固有の生物や自然環境に起因する地域の文化の多様性、人間社会の多様性を守ることにもつながります。

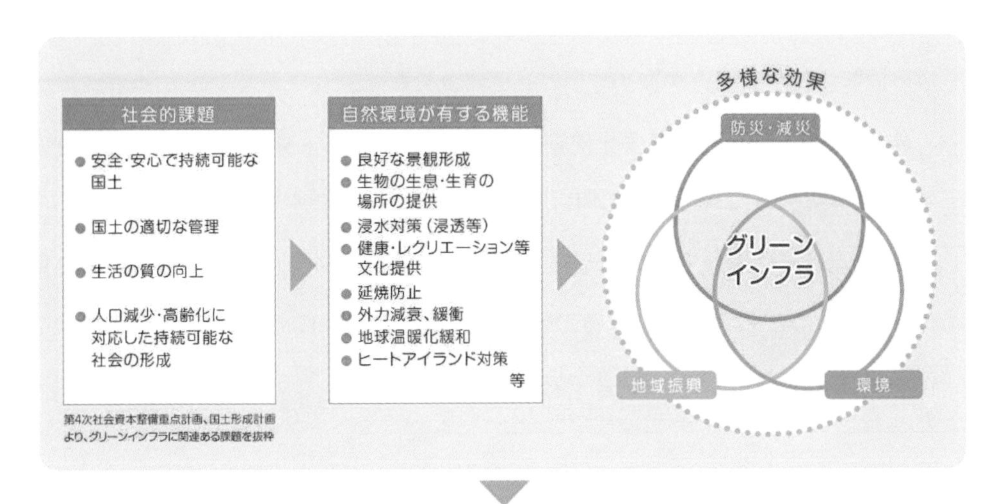

出典：グリーンインフラポータルサイト（国土交通省）

図 3.2　グリーンインフラの考え方

（グリーンインフラに関わる政策・インフラの例）

・人と自然との共生（沿岸域再生、森林・里山の保全・再生等）

・「あまみず社会」（都市における土や緑の再生）の推進

・災害リスクの高い土地からの撤退や集約等で生じる余地への自然環境の再生

⑦DX 社会への対応

デジタル・トランスフォーメーション（DX）とは、「ICT の浸透が人々の生活をあらゆる面でより良い方向に変化させること」を指します。社会全体でデジタル技術を高度に活用し、サイバー空間（仮想空間）・フィジカル空間（現実空間）を高度に融合させたシステム（サイバー・フィジカルシステム：CPS）の社会実装が進んでいる中、土木の分野においても、ICT 技術のさらなる進化とあわせ、構想・計画段階から、設計～構築～維持管理～更新というインフラのすべてのプロセスにおいて、DX に適応した取組みを進めていく必要があります。

特に、これまでの営みで国土に蓄積されたインフラを未来に引き継ぐメンテナンスにおいては、ICT や AI を活用した点検・診断の高度化を図るとともに、インフラの計画・設計・整備から維持管理までのデジタルデータを活用し、インフラの性能の見える化など DX を推進することで、効果的で効率的なインフラメンテナンスの環境を醸成していくことが必要です。

（DX に関わる政策・インフラの例）

・DXを活用した移動手段・物流ネットワークの構築

・サイバー・フィジカルの融合を前提とする設計・施工・維持管理

・リアルタイム・デジタルツインの構築

・インフラにかかるデータのオープン化・プラットフォーム化とそれによる国土管理・施設管理

・スマホ等身近な ICT 技術等を活用した住民参加型インフラメンテナンス

(2)エリア別のイメージ

「ビッグピクチャー」は、過度な東京一極集中を解消し分散・共生型の国土と地方の特色ある自立的発展を促進するため、防災・減災、国土強靭化と地方創生の連携強化、およびそれらの加速に期待するものです。特に、連携交流を促進する情報と陸海空の交通ネットワークの形成を促進するとともに地方の「地産地消」的な産業経済を維持・育成するための支援強化が求められます。

本来は、各市町村が描いた「ありたい未来の姿」をもとに国、ブロック、都道府県等との調整を図り地域の多様な連携・交流の歴史を踏まえた計画が求められます。

しかし、今回の検討では全国を俯瞰した、それぞれの圏域に関する十分な議論ができなかったため、ここでは、圏域を構成する単位を農山漁村、地方都市、大都市圏の区分として、それぞれの将来像・ありたい姿のイメージを描くこととしました。

① 農山漁村

農山漁村では、生活環境の維持・高度化を図るとともに、地域コミュニティを通じてお互いを支え合い、先人が守ってきた地域文化、歴史的風土、自然等と共生した暮らしが実現しています。具体的には、近接する地方都市と連絡する道路の整備・維持更新、デマンドサービスを含む地域公共交通サービスの提供、物流・生活利便施設・公共サービスを複合化した「小さな拠点」の整備が進んでいます。併せて、災害時の避難施設としても活用しうる宿泊拠点も整備され、地域防災インフラとともに、安心して安全に暮らし続けられる環境が整っています。

さらに、農山漁村は、食料生産基地の観点からも重要な役割を担っています。このため、流通を含む農林水産インフラが整備されるとともに、新世代通信技術、自動運転等の新技術を積極的に取り入れることで、農林水産業をはじめとする地域産業のイノベーション・ブランド化が図られています。

このように生活環境・産業環境の充実・高度化が図られることで、農山漁村が有する伝統文化・豊かな自然環境のもとで生活を希望する人々の転入・定住や、観光・体験の来訪者が増加しています。

出典：明日香法制定 40 周年記念誌p.2-3

図 3.3 歴史的風土の継承、農業支援、地域公共交通政策を一体的に取り組む明日香村

写真提供：宮城県女川町

図 3.4 インフラ整備・拠点整備と一体的に地域産業の創造・ブランド化に取り組む女川町

COLUMN 6　医療・防災拠点としての道の駅

地方において、新しい産業を創出していく場として「道の駅」を活用することも考えられます。例えば、（一財）日本総合研究所の寺島実郎会長は、道の駅を防災拠点にする国土交通省の取組みにリンクして、ここに医療用・避難用の高機能コンテナを集積し、それをＤＸや IoT でつなぐことで付加価値を注入していくことを提案しています。ここに日本の医療・防災の技術を集結させ付加価値の高いプロジェクトとして成立させた後、海外の防災のために輸出産業として展開していくことも提唱されています。

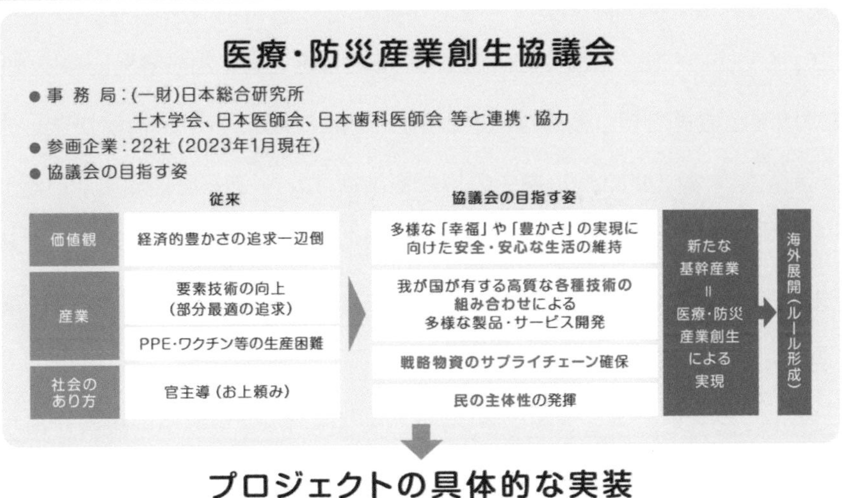

出典：「医療・防災産業の創生に向けた提言（中間とりまとめ）」より改変

②地方都市

地方都市では、広域交通ネットワークや広域交通ターミナルの整備、地域公共交通の維持・充実、さらに交通分野の DX 化が進むとともに、高速大容量無線通信網の整備により、全国・全世界との交流・流通基盤が形成されました。この結果、地方に住みながら、大都市や海外の企業で働く機会が増えるとともに、地方が有する伝統文化、地域産業等と全国・全世界の交流により、新たな産業イノベーションが生まれ、質の高い雇用の場が形成されています。

また、地域公共交通が充実することにより、すべての若者がオンラインだけでなくフェイス・トゥ・フェイスでのコミュニケーションをとることが容易になり、地域産業や地域医療等を担う優秀な人材が育っています。若者や来街者が楽しめる文化・芸術施設、魅力的な地域共生の場が生まれ、ゆとりある居住環境や自然と触れ合える子育て環境も相まって、大都市から暮らしの拠点を移す若者・子育て層も増えました。その結果、世代間のバランスの取れたコミュニティが形成され、高齢者も含めた豊かな暮らしが実現しています。

さらに、巨大地震等を念頭に置いた交流・流通インフラの事前復興対策が施され、有事の際にも早期復旧・復興が可能となり、持続可能な地方経済活動を支えています。加えて、再生エネルギー技術開発のためのインフラ改良等により、エネルギーの地産地消が進み、自立した地方都市圏が形成されています。

出典：松山市ホームページ「道路河川整備課」（2023 年 2 月 1 日更新）
https://www.city.matsuyama.ehime.jp/shisei/kakukaichiran/tosiseibibu/dourokensetuka.files/300305hanazono_A3panfu.pdf（2023 年 2 月 2 日閲覧）

図 3.5 地域の共生（ともいき）の場として再生した松山市花園町通り

出典：沖縄県ホームページ「鉄軌道を含む新たな公共交通システム導入促進について」（2016 年 8 月 19 日更新）
https://www.pref.okinawa.jp/site/kikaku/kotsu/kokyokotsu/h24train.html（2023 年 2 月 2 日閲覧）

図 3.6 県土の均衡ある発展等を目的とした沖縄鉄軌道プロジェクトのイメージ
（平成 24 年度『鉄軌道を含む新たな公共交通システム導入促進検討業務』報告書より）

COLUMN 7 文化・芸術によるまちづくりを支えるインフラ整備の例（豊岡市）

豊岡市は「小さな世界都市」をビジョンとして、「文化・芸術によるまちづくり」を進めてきました。具体的には、舞台芸術のための「城崎国際アートセンター」や「芸術文化観光専門職大学」の整備、小中学校における「演劇的手法を活かしたコミュニケーション教育」、「豊岡演劇祭」などに取り組んできました。グローバル化が進む社会状況の中で、人口減少という課題に向き合い、「選ばれる強い価値を持った町」を育てていこうとする取組みを進めています。

これらの取組みを支えるインフラとして、但馬空港の有効活用、空港と連携した広域幹線道路網の整備、北近畿の広域まちづくりに寄与する京都丹後鉄道の上下分離などに取り組んでいます。

「芸術文化と観光分野の視点で新たな価値を創造できる人材を育成」（令和 3 年 4 月 26 日更新）
https://www.city.toyooka.lg.jp/shisei/kohokocho/news/1016886/1016887.html
「来年の本格開催に向けた「プレ開催」」（令和 4 年 12 月 16 日更新）
https://www.city.toyooka.lg.jp/shisei/kohokocho/news/1007408/1008450.html
出典：豊岡市ホームページ（2023 年 2 月 2 日閲覧）

COLUMN 8　交流連携による地方創生の例（四国新幹線）

高速輸送体系のうち人流で言えば四国がまだ本州と新幹線でつながっていないことは大きな課題です。日本プロジェクト産業協議会（ＪＡＰＩＣ）は単線方式の四国新幹線を提案しています。岡山と四国を結ぶ瀬戸大橋は既に新幹線を複線で敷設できるスペースが確保されており、そこから高松、松山、徳島、高知の４都市までを単線でつなぐことを提案しています。実は建設中の北陸新幹線や北海道新幹線よりこの四国新幹線の方が沿線の人口密度は高いのです。

四国と本州を高速輸送ネットワークでつなぐことにより、人々の連携・交流を強化し、四国が有する自然・歴史・文化・産業面でのポテンシャルを有効活用します。また、新幹線と飛行機を組み合わせることで国際交流人口の拡大を図り、四国が掲げる「国際スポーツ都市構想（スポーツに関する科学技術、医療技術、教育の国際交流）」による地域創生に貢献する基盤として活用します。

土木学会誌 2022 年 4 月号を一部修正して作図

③大都市圏

大都市圏は、引き続き日本の経済、技術、文化の中枢・中核を担う地域として成長しています。そこでは、高度な都市サービス（高度医療、高等教育、高質な文化・芸術・娯楽等）が提供されるとともに、周辺地域から比較的短時間でアクセスできるような幹線交通ネットワークが形成されています。また、国際ハブ港湾・空港の機能が強化され、それらと接続する域内交通ネットワークが拡充されたことにより、国際物流・交流が効率化し、国際競争力の維持・強化に貢献しています。さらに、これまで以上に多くの外国人が訪れ、暮らすことによって、どの国籍の人であっても、安心して、快適に暮らせるようなダイバーシティを重視した都市空間になっています。

また、大規模災害時でも住民の生命・財産を守り、かつ都市機能を維持していくため、ハード・ソフト合わせた都市防災力が抜本的に強化されました。

都市生活においても、日本を代表する都市に相応しい風格と豊かさを併せ持つ都市空間へのリノベーションにより、多様な就業形態と都市の役割を両立し、真に豊かな生活が送れる空間に生まれ変わっています。ヒト、モノ、コトが交流・融合するクリエイティブな場として、インフラ空間を活用したサードプレイスも、人間中心の都市のアイデンティティの一つになっています。

出典：首都高速道路株式会社ホームページ

https://www.shutoko.jp/ss/nihonbashi-tikaka/（2023 年 2 月 2 日閲覧）

図 3.7　首都高地下化・日本橋再生による国際金融都市としての都市格の向上

出典：大阪市ホームページ「御堂筋将来ビジョン」（2019 年 3 月 13 日更新）

https://www.city.osaka.lg.jp/kensetsu/page/0000464479.html（2023 年 2 月 2 日閲覧）

図 3.8　御堂筋フルモール化を契機とした上方文化の再生と新たな価値創造

第 3 節．土木のビッグピクチャーを実現する制度

（1）長期計画の制度化

①インフラ長期計画の法制度化

欧米諸国では、コロナ前から、20 年、30 年先の姿を描き、質の高い基幹インフラ整備が経済成長を促し、雇用を創出するために不可欠な存在であるとして、既存インフラの再構築、新規成長インフラへの積極投資を進めています。

アメリカではインフラ投資雇用法に基づく 1 兆 2000 億ドル（約 136 兆円）の投資を決定し、イギリスでは、2050 年の姿を目標に今後 5 年間でインフラに 6000 億ポンド（約 80 兆円）を投資する「国家インフラ戦略」を発表しました。カナダでも 2050 年までの道筋となる国家インフラアセスメントを発表し、オーストラリアは、2036 年を目標とするオーストラリアインフラ計画を発表しています。また、アジアに目を向ければ、中国では 2035 年を目標とし、ICT に関わる新型インフラだけでなく、高速鉄道網や高速道路網、世界的な港湾・空港の整備等従来インフラにも具体的な整備目標を持って注力しています。

日本にも投資規模を明記したインフラの国家長期計画が必要です。それが、地域の持続性、地域の将来に対する安定感を高め民間投資に繋がります。また同時に、地域社会の安全を守り、非常時の対応を担う、「あたりまえ」の維持に不可欠な産業としての建設業の技術力や継続性を支えます。インフラ整備には時間を要するため、事態が深刻になる前に必要なインフラ整備・保全を計画的・効率的・事前的・先行的に実施するためのインフラ長期計画の法制度化が肝要です。

②地域の長期計画の法制度化

先進国のなかには、地域単位の長期計画の法制度を国が整備し、そのもとで地方政府が責任をもって計画立案し、空間整備と地域のインフラ整備を進める国々があります。

今後、我が国でも都道府県や市町村等の各地域が、きめ細かく、また継続的に「ありたい未来の姿」に向けて取り組むためには、事業ごとの計画制度を超えた分野横断的で実効性の高い地域長期計画の制度化を進めるべきではないでしょうか。共通の枠組みのもと、地域が選択の幅を広げ独自の発展を目指すことで、市民と未来の姿を共有し、その目標に向けて安定的に取り組むことが可能になると考えます。

③長期計画における計画プロセスの法制度化

長期計画を策定する際には、目標とする社会の姿とそれを支える将来のインフラの絵姿を国民とともに描くプロセスを組み込み、それを国民と共有することが重要です。そのためには、国や地方自治体がアカウンタビリティを高め、国民に向けてアウトリーチを積極的に展開することが肝要です。長期計画の策定によって、基幹インフラの重要性や地域プロジェクトの必要性への国民の理解が深まり、行政への信頼を高めることが理想といえるでしょう。欧米各国が過去に市民参画を強化した対象が長期計画であったことにも留意が必要です。

今後、国民や地域住民の参加を明記した計画検討プロセスを適切に設計することを長期計画策定の条件に加えることが考えられます。

(2)事業の決定手法の見直し

近年、インフラ事業の採択・決定に費用便益分析が用いられるようになり、効率的なインフラ整備に対して一定の役割を果たしています。元々は、複数のインフラ事業のプライオリティの判断材料の一つとして費用便益分析が導入されましたが、現行制度では、B/C が 1.0 を上回るかどうかだけで事業実施の決定を行うこととなっています。これは公共投資の本質ではありません。

私たちの生活経済社会における「あたりまえ」を支える事業、また安全、医療、雇用、教育、福祉等、ひとりひとりの国民にとっての安心で快適な暮らしを支える事業であれば、B/C が 1.0 を下回っても、公共投資として推進する必要があります。

ありたい姿を実現するためには、現状を受けた未来予測に基づく課題解決型のアプローチのみならず、こうありたい「未来像」を実現するためのバックキャスティングによるアプローチが重要となります。ありたい「未来像」の中で平等性・公平性を目指すインフラについては、「持続的な安心で快適な暮らしを支える」という観点からの投資判断にウェイトを移していくなど、インフラの計画・評価手法を見直すことが必要です。

インフラ事業の考え方	現状を受けた「未来予測」	こうありたい「未来像」
社会的効率性を目指すもの(B/Cによる判断)	B/Cによる優先分野への投資	将来世代への先行投資
平等性・公平性を目指すもの(B/Cによらない判断)	生活経済社会の「あたりまえ」を確保	持続的な安心で快適な暮らしを支える

ウェイトの転換

図 3.9　土木のビッグピクチャーにおけるインフラ事業の考え方

(3)公的負担の制度化

①巨大災害を想定した事前復興対策のための財源の確保

東海・東南海地震、首都直下地震、日本海溝・千島海溝周辺地震等、甚大な被害をもたらすであろう巨大災害が切迫しています。阪神・淡路大震災や東日本大震災では、被災地の直接被害のみならず、復旧・復興に必要な輸送のためインフラの回復に時間を要し、経済被害が長引いた経緯があります。

現在、東日本大震災後に策定された国土強靭化基本計画に基づき、国土強靭化施策が推進されていますが、とりわけ復旧・復興時に重要となるインフラに対しては、重点的に強靭化を進めることが重要で、単に直接被害額を抑えるだけでなく、インフラの早期復旧により経済被害の総額を抑える大きな効果、いわゆる"レジリエンスカーブ"改善効果が期待されます。

このように、東日本大震災等で得た多くの貴重な知見や教訓を踏まえ、事前復興を含む国土強靭化のための予算を別途確保し、着実に事前復興対策を行うことが重要です。そのため、国土強靭化基本計画では目標、事業量を明記した5か年加速化対策を策定していますが、5か年加速化対策の期間の後も、継続的・安定的なかたちで事業規模を明示しつつ中長期的かつ明確な見通しに基づいた対策を、恒久的な制度のもとで進めていくことが必要です。

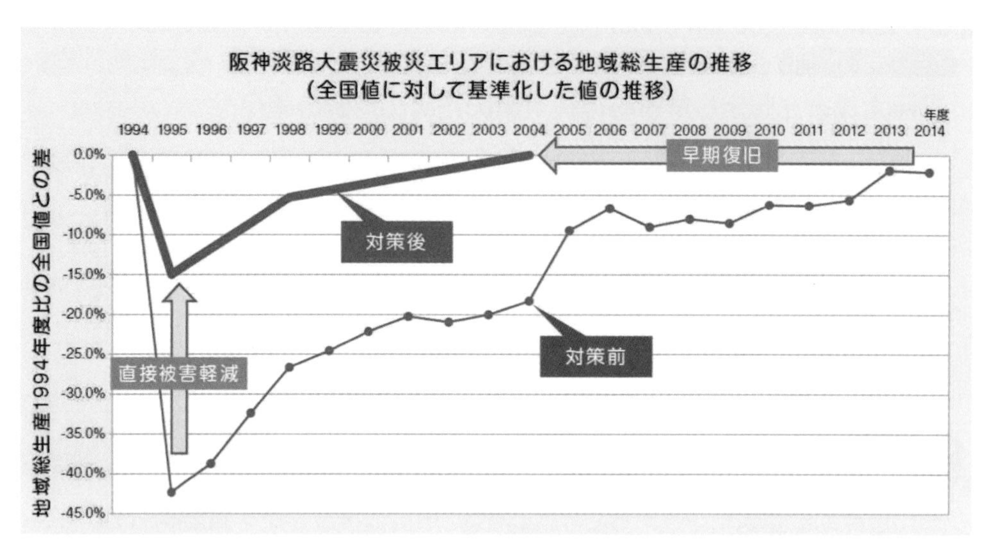

出典:『国難』をもたらす巨大災害対策についての技術検討報告書(2018 年 6 月、土木学会)に加筆

図 3.10　事前復興対策による“レジリエンスカーブ”改善のイメージ

②地域公共交通サービスのための公的負担制度

日本の公共交通は、交通事業として独立採算とすることを原則としてきました。しかし、人口減少・少子高齢化に伴い、地域公共交通は利用者の減少、経営状況の悪化、サービスレベルの低下という負のスパイラルが生じ、コロナ禍で一気にその悪い状況が加速してしまいました。この結果、地域に不可欠な公共交通サービスの存続が危ぶまれる危機的な状況になっています。また、地域公共交通を支えるために、自治体が赤字補填するケースが多くみられますが、そのような事後的な補助では、赤字削減が目的となり必要なサービス水準が維持できず、未来に対する計画的投資も困難な状況です。

このような状況に対して、移動の公平性の確保という観点から、公的セクターが必要なサービス水準を定め、自らインフラを整備・保有し、必要な運営費を税金等で負担したうえで、交通事業者に委託する仕組みづくりが必要となります。欧米諸国では、このような公共主導の上下分離・運行委託等の制度が一般化しています。

運行事業者は地方自治体との契約によって必要額を受け取ってサービス提供を行うため、補助金や採算性という概念は一般的ではありません。

我が国では、整備段階の上下分離の制度は一定程度整備されてきましたが、今後、地方を中心に、きめ細かな公共交通サービスを展開するためには、財源と一体となった公共交通の整備・保有・運行委託等の制度設計を進める必要があります。

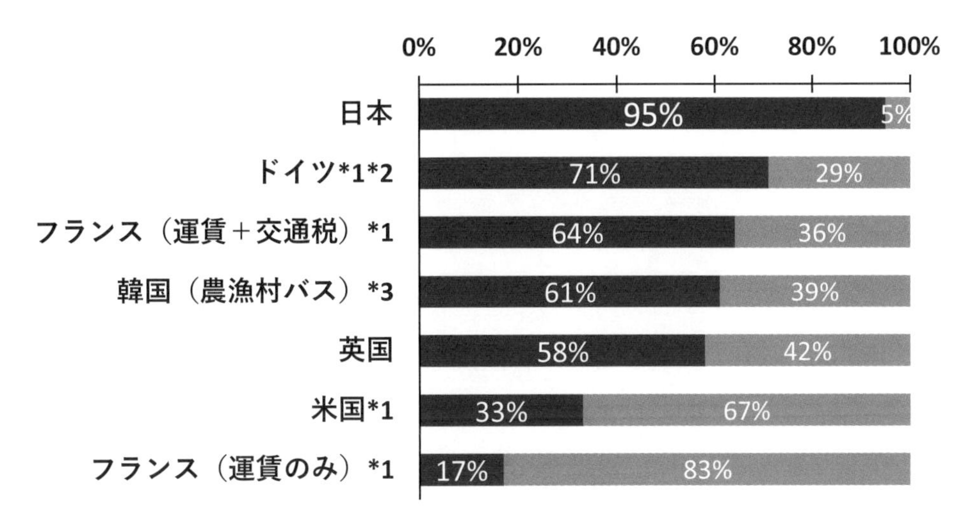

*1 乗合バス以外も含む

*2 2005 年のデータ(阪井清志『LRT に関する制度・施策の現状と課題－海外の制度・施策から見たわが国への示唆－』IATSS Review Vol.34 No.2, p.13, 2009 年.

*3 2008 年のデータ(一般財団法人計量計画研究所『高齢社会におけるモビリティのあり方～韓国との比較を通じて～』p.69, 2017 年.

出典：日本インフラの体力診断 Vol.2 地域公共交通・都市鉄道・下水道(2022 年 7 月、土木学会)

図 3.11 乗合バスの収支率の国際比較

③インフラ空間の多様な活用を促進する公的負担制度

道路、河川、公園等のインフラ空間を活用した多様な活動により、地域創生に取り組む事例が増えつつあります。このような公共資産をより有効的かつ多様に活用するため、民間事業者のノウハウを活用して公民連携で進めることが期待されています。ところが、本来公的セクターが考えるべきインフラ空間の活用方法まで民間事業者に委ね、民間事業者の採算性確保の範囲でインフラ空間の質が決まってしまうという事例が散見されます。また、インフラ空間の使い手である市民や利用者の意見が十分に反映されていないケースもみられます。

このため、インフラ空間を活用した地域創生の考え方を公的セクターが定め、必要な運営費を税金等で負担したうえで、民間事業者の創意工夫を活かすことができる事業スキームの構築が求められます。この際、公的セクター、市民、民間事業者が協働する新たな公共体／エリアプラットフォームの組織化も重要となります。

COLUMN 9 インフラ空間の民間活用（ほこみち、ミズベリング、パークマネジメント）

近年、道路、河川、公園等のインフラ空間を、まちなかのサードプレイスとして活用する事例が増えつつありますが、この際、公民連携の事業スキームが重要となります。具体的には、必要な公共サービスに対しては公的負担を行ったうえで、官民一体となったエリアプラットフォームづくりを進め、適切な公民連携と創意工夫により地域創生を行う仕組みづくりが重要です。

例えば、道路空間においては、「道路空間を街の活性化に活用したい」「歩道にカフェやベンチを置いてゆっくり滞在できる空間にしたい」など新たなニーズが高まっています。このような道路空間の構築を行いやすくするため、道路法等を改正し、新たに「歩行者利便増進道路」（通称：ほこみち）制度が創設されています。

河川空間ではミズベリングという取組みが行われています。ミズベリングは「水辺＋RING（輪）」、「水辺＋R（リノベーション）＋ING（進行形）」の造語です。水辺に興味を持つ市民や企業、そして行政が三位一体となって、水辺とまちが一体となった美しい景観と、新しい賑わいを生み出すムーブメントを起こしています。

さらに、公園におけるパークマネジメントでは、国や地方自治体などの行政だけでなく、そこに住む市民、そして公園管理のノウハウを持つ企業が連携して、公園を運営する事例が見られます。

出典：国土交通省「2040 年、道路の景色が変わる～人々の幸せにつながる道路～」

出典：新潟市 HP「ミズベリング信濃川やすらぎ堤」
https://www.city.niigata.lg.jp/shisei/tokei/machisai_top/mizbering/index.html
（2023 年 2 月 2 日閲覧）

（4）共生促進に向けた国民参加

①共生促進のために国民参加を制度化する意義

国や地域の長期計画を実行に移し、その目的を十分に達成するために、地域における共同の取組みが一層重要になっています。本提言ではそれを包括的に「共生（ともいき）」と称してあらためて重視すべき価値としています。「共生（ともいき）」には災害時の「共助」、脱炭素に向けた「協働」、地域活性化のための「共創」イノベーション、他地域の課題を理解する「共感」など、「ありたい未来」に向かう多様な連帯の取組みが含まれると考えています。重要なことは、「共生（ともいき）」を活発化するための枠組みや仕組みを制度として意識的に構築することです。

②インフラに広く関わる国民参加の制度

インフラの長期計画、構想段階以降の事業計画段階、整備段階、運用段階の各段階において、積極的な情報公開やさまざまなメディアでの意見募集、多様な対話機会の提供などを行い、国民、市民、地域住民などが継続的に関わることのできる機会を設けることで、「共生（ともいき）」を強化しうる一貫性のある仕組みをつくることが考えられます。これらと共同体活動への啓発や教育現場での国土・インフラへの理解促進を進めることによって、インフラの重要性への国民理解が深まり、供用後に至る共生の取組みが地域防災力の向上やインフラ維持管理への参加などで一層進展し、インフラの機能を強固にすることが期待されます。

COLUMN 10 将来のインフラ投資額の試算

インフラ投資額と GDP の関係

我が国のインフラ投資額は、近年では横ばいですが、1997 年以降大きく減少し、公的固定資本形成（IG）の 1996 年から 2018 年の伸び率では 0.56 とほぼ半減しています。それに伴い GDP も伸びず、同じ期間で 1.06 の伸び率となっています。この関係をＧ７諸国で比較すると、正の相関関係が見られ、日本だけがインフラ投資をおろそかにし、経済が成長していないという状況が読み取れます。

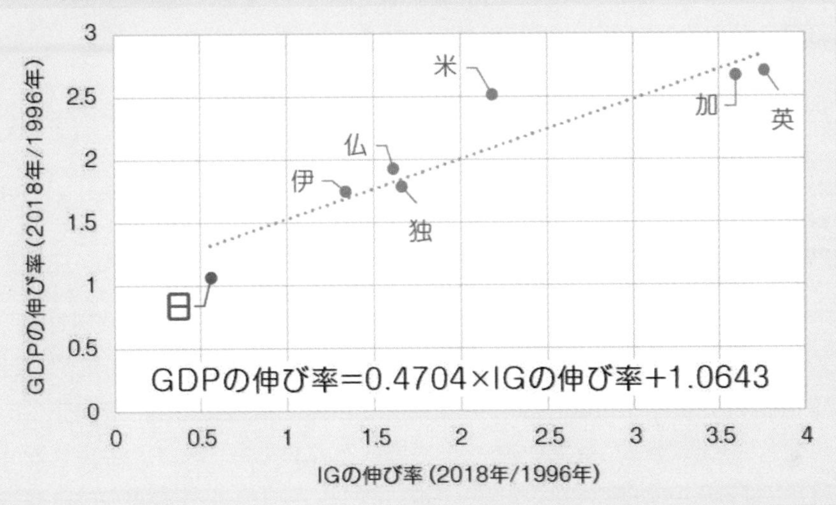

国土交通省資料を基に CE 財団自主研究で作成

我が国のインフラ投資の現状

我が国のインフラ投資の現状を見ると、近年では、防災・減災、国土強靭化や老朽化対策、維持管理・更新については、災害の激甚化・頻発化や大規模地震のリスク、急速なインフラ老朽化への懸念などから重要性、緊急性が認識されており、「防災・減災、国土強靭化のための３か年緊急対策」及び「５か年加速化対策」による予算の上乗せや、インフラを戦略的にメンテナンスするための事後保全（不具合発生後対策を行う）から予防保全（不具合発生前に対策を行う）へ転換といった動きが見られます。一方で、未来の成長に資する基盤整備については、予算総額に制約がかかる場合、相対的に軽視されるおそれがあります。

現在のインフラ投資を大きく３つの分野、①防災・減災、国土強靭化分野、②老朽化対策、維持管理・更新分野、③その他成長インフラ等分野に分類すると、2018 年度頃まではその割合がほぼ ２：２：４ だったものが、2021 年度にはほぼ ３：３：４ になっていると推計されます。

今後も国民の安全・安心を確実に守りつつ、未来の成長のための基盤を整備するというバランスの取れた投資を行っていくことが肝要です。

将来のインフラ投資額の試算

将来のインフラ投資額について試算を行いました。

（単位：兆円）

	2018年度 実績値	2021年度 推計値	2048年度　推計値			
			ケース1	ケース2	ケース3	ケース4
インフラ投資総額	25.1	27.5	25.1	25.1	27.5	55.0
①国土強靭化	6.2	8.3	5.7	7.5	7.5	16.5
②老朽化対策	6.0	7.6	14.1	7.1	7.1	16.5
③成長インフラ等	12.9	11.6	5.3	10.5	12.9	22.0

インフラ投資総額は行政投資実績（総務省）、国土強靭化は内閣官房国土強靭化推進室公表資料、老朽化対策は「国土交通省所管分野における社会資本の将来の維持管理・更新費の推計」（国土交通省、2018年度）を基にCE財団自主研究で試算（重複分は考慮）。

ケース１は、インフラは概成しているとの誤った認識のもとで 2018 年度並みに投資総額に制約をかけ、国土強靭化の予算上乗せはやめて、老朽化対策は事後保全から予防保全に転換できずに費用がかさんでいく場合で、この場合、約 30 年後（2048 年度）には未来の成長に資する基盤整備は、2018 年度の 4 割程度の投資額となり、ほぼ不可能になります。

ケース２は、投資総額に制約をかけるものの、国土強靭化は、現在実施している「５か年加速化対策」の規模を今後も継続し、老朽化対策は事後保全から予防保全に転換した場合です。この場合、投資総額は変わらないため、成長インフラ等分野の投資額が 2018 年度の８割程度に減少します。

ケース３は、国土強靭化と老朽化対策はケース２と同様で、成長インフラ等分野は 2018 年度と同じ規模とする場合です。この場合、投資総額は 2018 年度に比べて１割程度増加します。なお、この際の経年変化をグラフ化しています。

さらにケース４は、前出のインフラ投資額と GDP の相関関係（回帰式）を参考に、GDP 倍増を目指してインフラ投資額も 22 年間で倍増させる場合です。この際の３分野のバランスは、３：３：４ としています。

いずれにしても、ケース １ とならないよう、３つの分野のバランスを考慮しながらインフラ投資を行う必要があります。

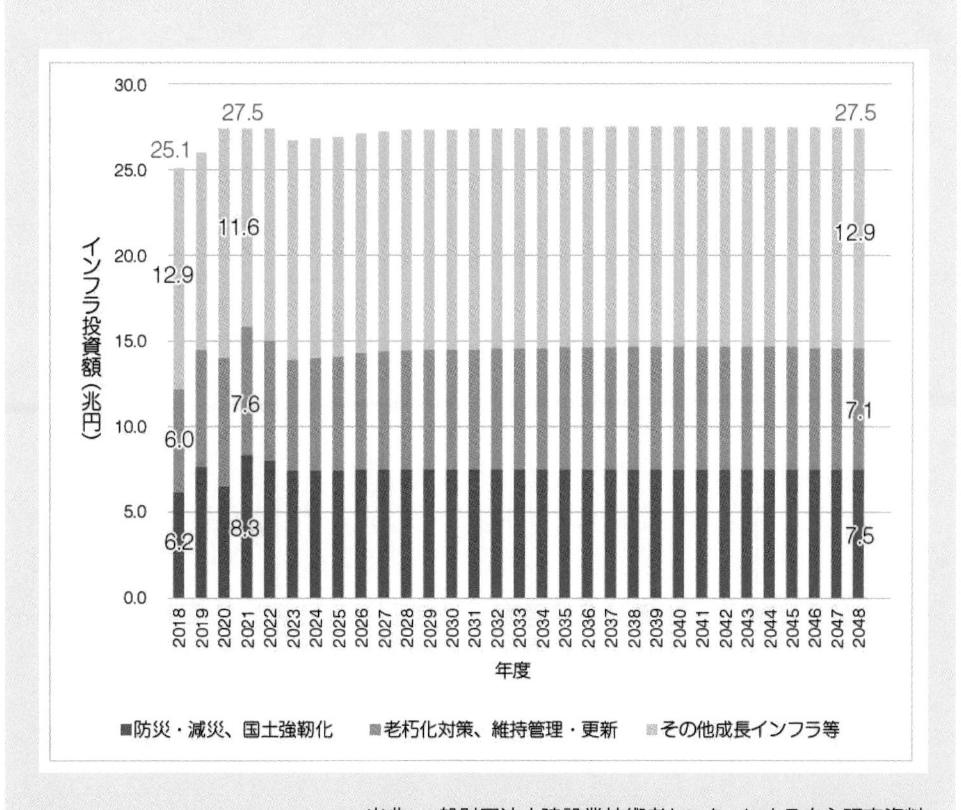

出典：一般財団法人建設業技術者センターによる自主研究資料

COLUMN 11 ノルウェーの長期計画

ノルウェーは全国の交通インフラの長期計画を交通省が白書として4年ごとに更新し、それを国会に送り審議して決定しています。2022年に策定された最新の計画では、効率、環境、安全に配慮した交通システムを2050年に向けて整備することを長期目標に掲げ、2033年までの12年間の全国の道路、鉄道、航空、港湾等への投資の方針や主要プロジェクトが予算額と共に示されています。

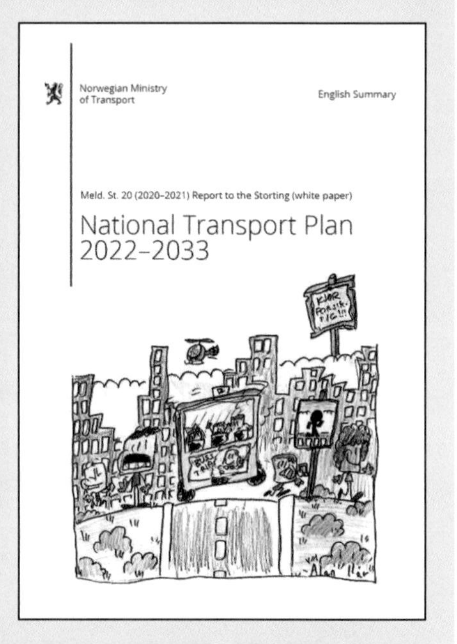

主要プロジェクトには、既に着工されているノルウェー沿岸部の南北1100 kmを連結するE39沿岸高速道路プロジェクト等が含まれ、本計画期間にも整備が推進されるようです。このような大規模プロジェクトを含む長期計画の策定過程では、200近い企業、自治体、各種協会やNPO等に、一般個人も加えた多数の団体から意見書の正式な提出を受け、賛成反対意見なども含めたすべての意見がHP上に公開されています。

また、計画策定にあたって調査分析された各種資料が事前に公開され、その中には経済分析、環境影響、交通安全などのレポートも当然ながら含まれます。興味深いことは、多くの道路プロジェクトの純便益がマイナスであることです。それでも数値をフラットに公表し、優先順位を定めて整備対象にしているようです。

ノルウェーは人口500万人強で北海道と同程度（面積は4倍）ですが1人当たりGDPは世界4位で日本の2倍の8.9万ドル（2021年）です。北海油田もあり成長を遂げた国ですが、20年前は日本と同程度の4万ドル弱でした。このような成長国ノルウェーは、世界でも最も民主化レベルの高い国とされ、国連のデータでも国民への意見聴取や政府の説明責任で常に世界のトップにあります。

このような国で全国のインフラ計画を策定するのですから、十分な情報が提供され、かつ十分に広い範囲の国民の意見をしっかりと聴取していることは当然でしょうが、それぞれの意見が記録に残る形式で公開されているのは、いわば責任を共有しつつ国として大規模プロジェクトやその投資額を決定していると言えなくもないでしょう。

COLUMN 12　公共政策としての MaaS（マース）

移動の公平性

米国交通省（US DOT）では、2022年から2026年までの5年間の戦略計画を策定し、その一つの柱が「公平性（equity）」です。移動の格差、地域社会への悪影響、健康への影響を減らし、安全で安価にマルチモーダルへのアクセスを促進、社会参加への機会を公共が支援していくものであり、交通省のさまざまな政策の共通の理念として位置づけられました。また、2022年4月14日に公表されたアクションプランでは、例えばバスによる通勤時間が47分、マイカー通勤が26分という移動手段間の格差や所得水準による交通費割合の格差が生じていることを挙げ、収入に占める移動費用の削減、交通機関の所要時間格差の縮小、仕事、教育、食料品店、医療など、主要な目的地へのアクセス性の向上、個人レベルでの移動回数の増加を主要パフォーマンス指標としています。

すでにシアトル都市圏では公平性を最重要視した将来の交通ビジョンを２０２１年１２月に刷新しました。2050 年には主要都市間での路線バスとマイカーの所要時間を同水準にするという画期的な提案が世界中で話題です。これまでの都心への通勤対策から大きく方針転換し、地域でのコミュニティや地域間の繋がりを強化し、そのための移動手段や交通サービスの拡充、デジタル化を推進していく画期的な方針です。

我が国でも免許保有者と非保有者の移動格差、大都市と地方都市との移動格差、所得水準による移動費用割合の格差が生じ、移動貧困社会、地域交通の崩壊が現実のものとなっています。これからのビッグピクチャーでは「公平性」は外せない要素の一つだと考えます。

デジタル時代の新しい官民連携

これからの国土政策、交通政策の基本は、多様性（ダイバーシティ）であり、公平性（エクイティ）であり、誰も取り残さない（インクルージョン）社会の実現にあると考えます。行きすぎた市場主義によるバランスを調整し、パンデミックで傷ついた地域社会を再興するために、積極的な公共投資が必要であり、本格化したデジタル交通社会の真の目標がここにあると考えます。

欧州委員会では、デジタル交通社会を実現するために、新しい移動サービスを取り入れた次世代の交通戦略の策定を都市圏レベルで義務付け、官民データ連携によるデジタル化、MaaS の推進を今後 5 年間で進めていきます。それらの根幹をなすものが、脱炭素社会の実現であり、公平性の実現にあります。

MaaS は便利なアプリをつくることでもなく、シェアリングサービスの事でもありません。デジタル交通社会を想定し新しい官民の役割を再考、次世代の官民連携のかたちを創るための、一つの手段です。世界はグローバルなプラットフォーマーとの進取果敢な姿勢で官民データ連携基盤を行政主導で構築し始めています。欧州の地域公共交通は行政が計画と経営を担い、民間が運行しているのが一般的です。このリアル社会の役割分担をバーチャルなデジタル交通社会においても応用した官民の枠組み、運用ルールが構築され始めています。鉄軌道やバスに加えて、さまざまな新しい移動サービスが出現する中、行政が主体となり、新しい移動サービスも加え、一つのサービス、まさに as a Service として、マイカーに加えて市民に選択してもらえるドアトゥドアの移動サービスの実現、移動機会の公平性に注力しています。

我が国の地域交通は崩壊の危機に直面しており、行政がそれらを支えることには議論の余地はなく、リアル空間での官民の役割（例えば公設民営）を構築すると同時に、デジタル時代の役割、機能が必須です。そのためのキーワードが統合であり、交通手段の統合、運賃の統合、予算の統合等による移動サービスの統合を進めていくことです。道路と公共交通、駐車場等の予算を統合し、地域全体の移動を行政主導で計画、経営、管理していく基本法が望まれます。また、移動単独ではなく、移動のその先、教育、医療、エネルギー、観光等と一体となったサービス（Beyond MaaS）を目指していくことが大切だと考えます。「移動のストレスから解放された、事故とは無縁の社会」、それが交通分野におけるビッグピクチャーです。

土木の裾野の拡大と
土木技術者の役割

4

第１節．土木の裾野の拡大

(1)インフラの役割・意義に対する理解の促進

インフラは人々の生活や経済社会の営みにとって不可欠なものであり、インフラの受益者は私たち一人ひとりです。特に巨大な自然災害の発生リスクが高い我が国では、インフラの役割はとりわけ大きいといえます。こうしたインフラの役割や意義を国民一人ひとりが十分理解し、認識することは、国土の保全・維持にとって特に重要であり、また、共同でインフラを構築・維持する活動に踏み出すきっかけにもつながります。

インフラの役割や意義が国民の間に広く浸透していくためには、子ども時代からの理解促進と、子どもの学びを通じた親世代の認識の改善に努めることが有効です。

それには初中等教育課程での教育内容と土木が繋がるよう、教育現場に寄り添った取組みを行い、土木の「そもそも論」（日本列島を取り巻く自然環境の厳しさ・恵み、社会の礎－あたりまえの前提、公共として行う意義）を伝えていくことが肝要です。探究的な学びやプログラミング教育等に資するための教材を、教育現場の協力を得ながら、土木技術者自身の手によって作成することも、土木の営みへの理解に寄与するものと考えられます。

このため、教育課程での学びとインフラの役割・意義が接続しうる学びのかたちを土木の側から提示するとともに、子どもの成長段階に沿った適切な教材を土木の側が開発し普及させることが必要です。

（初中等教育への積極的な関与）

・教育課程の単元に対応した、学びと土木のつながりを示す教材の開発・提供
・「防災教育」に関する基礎知識や実務的観点からの支援
（ex.ハザードマップなど地理空間情報の理解）
・教育現場での学びの支援

（2）人材の確保と育成

インフラの整備や維持管理に対するニーズに的確に応え、質の高いインフラを保持していくためには、インフラに関わる土木技術者の必要数を確保するとともに、その質の維持が不可欠です。従来からも、土木の魅力向上や職場環境の改善を通じた入職者の確保や中途採用の実施、職場内外での研修・継続学習など、人材確保や育成についての取組みが行われてきましたが、これらに加え、他分野からの参入のハードルを下げるためのリカレント教育などによる学習機会の充実や、行政機関、特に地方自治体において、相互の連携を含めた人材確保の取組みが必要です。

また緊急時・非常時に初動を支える地元建設業が、人員・機材・技術を継続的に維持向上することができうる機会の確保など、持続的な平時の仕組みも必要です。

（人材育成）

・土木技術者だけに限定されない、オンライン等多様な手段を活用したリカレント教育やリスキリング等学習機会の充実
・学びの履歴を活用した土木技術者に求められる能力・知識の体系化と習得のためのカリキュラム提供（CPD 等の活用）

第２節. 土木技術者の役割

(1)国際社会への貢献と国際化する日本での活動

地球規模の課題を解決するためには、国際的な視野からの活動が求められます。また、アジアをはじめとする開発途上国への技術協力など、土木技術者の活動の場が広がっています。国内だけに目を向けるのではなく、世界中の誰もが、どこでも、安心して、快適に暮らせるような社会の実現に向けて活動し、国際社会に貢献することは重要です。 国際社会での活動では、日本における経験と、各国の歴史、文化、風土を踏まえた協調・共生が重要であり、交流に基づく相互理解が必要です。

そこで、「Well-being のさらなる向上」という目標を掲げた本提言の基本的考え方、政策・インフラ、長期計画制度等に関し、継続的に世界各国の情勢・事例を調査し議論することにより、本提言内容の実現に向けて一層熟度を高めていくことが必要です。さらに、より多くの国の土木技術者等との交流や議論を通して、「Well-being のさらなる向上」にインフラが大きな貢献を果たすという事実を共に認識しつつ、そのことを広く世界で共有するための行動を展開することが大切です。

また、国際化が進むと、東京をはじめとする大都市圏のみならず地方においても、これまで以上に多様な人々が集まり、多くの外国人が暮らすことになります。どの国籍の人であっても、安心して、快適に暮らせる都市へと成長・発展することが重要です。そのためには、海外での活動経験を活かせるさまざまな環境整備が必要であり、それによって多様性が発揮されたイノベーションの促進が期待されると考えます。国籍だけでなく性別、年齢等によらず、住みたいと思える都市、時代変化を踏まえて成長する創造的な都市を形成することが目標であり、そのために土木技術者も大いに貢献するという意識が必要です。

（国際化対応）

・土木における専門的な知識、技術力だけでなく、語学力、コミュニケーション力、国際理解力等を有する国際社会において活躍できる人材の育成
・国内における国際化に向けたダイバーシティ重視の視点からの活動の強化
・ビッグピクチャーの国際的な継続的な議論の促進

（2）土木技術者の使命

土木学会は、「社会と土木の 100 年ビジョン」において、土木の目標を「持続可能な社会の礎づくり」と位置づけ、100 年後も変わらない土木技術者の役割として

1）技術の限界を理解し、幅広い分野連携のもとに、人々の暮らしの安全を守り豊かにする
2）「社会基盤守（も）り」として、計画・設計・施工と更新を含めた維持管理を行う
3）未来への想像力を一層高め、日本のみならず世界に持続可能な社会の礎を築く
4）高い技術者倫理を備えた社会のリーダーとして活動する

を掲げました。今後、本提言の実現のため、土木技術者はそのできうる範囲において、貢献と責務を果たす使命があると考えます。

土木技術者一人ひとりは俯瞰的総合力を備えることが不可欠です。土木の営みに対する矜持を持ち、そして土木に必要とされる広い分野における見識およびリーダーシップを兼ね備えるべきという自覚のもと、地域や国民と共にありながら、国土・地域づくりを専門家として先導する覚悟を持ち、あらゆる境界をひらき未来のために取り組んでいくことが必要です。

おわりに

土木学会は、「日本が直面しているさまざまな危機に立ち向かい、ありたい未来の姿を実現していくために、土木がどのような責任を持ち、社会に貢献できるか。」という課題に応えるべく、2014 年の「社会と土木の 100 年ビジョン」を踏まえ、今般、本提言をとりまとめました。

本提言の策定にあたっては、「開かれた魅力ある土木学会」として、会議室やオンラインでの議論だけではなく、各地の、多様な世代の方々に、また、土木の関係者に限ることなく参画いただき、土木学会誌の特別企画として会長自らが各界のリーダーとの対話を行い、土木学会誌の誌面や土木学会誌ホームページを通じた発信を行いました。

本提言はあくまで現時点の考え方を整理したものであり、今後引き続き、社会・経済、国際情勢等を踏まえて見直しを行う予定です。

本提言で掲げる「土木のビッグピクチャー」は、ありたい未来に向けた全体俯瞰図です。国民全員とりわけ次世代を担う若者が、未来への希望を持って暮らし続けることのできる社会に向けた提言です。そのための条件として、生活・経済・社会の基盤であるインフラを築き、守り、引き継いでいく土木の営みがいつの時代も必要です。本提言がそのような営みを続けていくことの意味や意義を考える際の参考として役立てばと願います。

また、政府においては、本提言の内容を参考に、制度改正等に取り組んでいただくことを期待します。

支部のビッグピクチャーの概要

本検討では、土木学会の８つの支部において、各支部の特徴を活かした検討も行いました。

それぞれの地域で学び、働き、暮らしている、ミレニアル世代・Z 世代と称される、将来を担う世代の若者を議論の中心として、それぞれの地域を空間的に俯瞰し、それぞれの地域の風土・歴史・文化・生活などをあらためて認識し、それぞれの地域の問題・課題を捉えて、多様な関係者とも自由な議論を行い、未来の地域の姿について各支部でまとめたものです。

それぞれの議論では、現在の技術や制度、あるいは予算といった現実的な制約に囚われることなく、現状からの予測でもなく、「ありたい地域の未来」についての検討が行われました。それぞれの地域で描いた姿を重ねて一つの“ビッグピクチャー”を描き出すことを想定していましたが、各支部で特色ある議論が行われたことを尊重し、一つにまとめることは行いませんでした。今後は、若者を交えての議論の中で提案された宇宙、空から海底、地下までの未来に対する提案などが実現していくよう、継続した議論を行い、検討を深めるとともに、未来に繋がる調査研究・技術開発を行っていく必要があると考えています。

北海道支部

主査コメント

令和３年度、土木学会谷口会長は「コロナ後の“土木”のビッグピクチャー」特別委員会を立ち上げた。土木学会としてインフラの将来のありかたについてとりまとめることとなり、北海道支部でも北海道の土木のビッグピクチャーについて議論した。

北海道のインフラの将来を考えること自体は新しいことではなく、これまでも国や地方自治体における計画策定や学会での議論などで何度も行われてきた。そして、実現したものもあれば、長きにわたって事業化されていないものがあり、社会情勢の変化に応じてあらためてインフラのありかたを議論する、それを繰り返してきたといえる。

そのような中で今回の北海道支部における議論は、この先 10～20 年後まで社会を引っ張って活躍していく世代が当事者としてこの問題を考えること、その結論は一つにまとまるものではないので、みんなで議論し、考えを共有するプロセスを重視することをポイントとした。

若手技術者交流サロンにおいて、北海道内の大学、高専に所属する学生が集まり、社会人の若手技術者にサポートしてもらいながら、北海道の将来を議論した。その成果を土木の日北海道支部特別講演会で発表した。学生ならではの思い切った発想は、日々の仕事に追われ、現実問題に直面する社会人に対しても多くの刺激を与えたはずである。

それを受けて、産官学の土木技術者がオンラインで集まってワークショップを開催し、北海道の将来のありかた、そのためのインフラについて議論した。そして土木学会北海道支部年次技術研究発表会特別セッションにおいてその成果を公表した。すでに事業が進められているもの、北海道にとって長年の悲願になっているものも将来必要なインフラとして挙げられたが、特に北海道は全国よりも進んで地方の抱える問題が顕在化しており、さらにコロナ禍もあいまって、あらためて北海道の進む方向性について考える機会となったと考える。

本報告は、ここまでの議論をビッグピクチャーとして描き、まとめたものである。こうしてかたちになったものを見ることで、皆さんで共有し、それぞれの立場で実現に向かって取り組んでいくことが重要である。それは今年度で終わらず、次年度以降も続いていくものである。

支部 WG 成果の概要

1. 支部の活動の取組み概要

北海道支部では下記のイベントを開催した。学生や若い世代が中心となって将来について議論した。ここで得られた意見をもとに北海道のビッグピクチャーをまとめた。

・2021 年 8 月 31 日　若手技術者交流サロン　学生ワークショップ

・2021 年 11 月 18 日　土木の日北海道支部特別講演会　学生による発表

・2021 年 12 月 15 日　土木学会北海道支部オンラインワークショップの開催

・2022 年 1 月 30 日　土木学会年次技術研究発表会特別セッション

2. 地域の将来像、絵姿

北海道総合開発計画においては、下記の通り北海道の将来像を描いている。

・北海道の強みである「食」と「観光」を戦略的産業として育成し、豊富な地域資源とそれに裏打ちされたブランド力など、北海道が持つポテンシャルを最大限に活用。

・「生産空間」を支えるための重層的な機能分担と交通ネットワーク強化、農林水産業の競争力・付加価値の向上及び世界水準の魅力ある観光地域づくり、地域づくり人材の発掘・育成を目指す。

これらをベースとして、SDGs に配慮し、環境・エネルギー分野においても我が国をリードし、地方においても安全・安心して生活していくことができる地域を作っていくことを目指すこととして、インフラのありかたを議論した。

3. それを支える土木、インフラ（ハード＆ソフト、制度・事業など）

・高速道路

我が国全体から見て整備が遅れ、長きに渡って課題となっている「高規格道路の未事業化区間の事業化」が必要である。そして、新たに「北海道における環状軸をつくり、“二環状八放射”ネットワークを構築する」ことを提案する。また、高速道路の運用面においては、「最高速度の引き上げ」、「暫定二車線の四車線化」、「スマート IC のさらなる設置」、「自動運転に対応した道路構造の整備」といった質的な向上のための整備が必要と考える。

・公共交通

人口減少、モータリゼーションの進展に伴い、北海道の全域において公共交通を取り巻く環境は極めて厳しい。さらに新型コロナウイルスによる影響が追い打ちをかけていて、以下にして公共交通を維持するかが重要な課題となっている。

JR 北海道の経営危機の表面化による鉄道の路線存廃問題については、「鉄道が必要とされる地域において維持する」ことが重要であり、その方策の一つとして「観光列車の導入」が期待される。しかし、鉄道単独で公共交通を担うことは難しく、「移動距離に応じた最適なモビリティを導入する」ことが今後さらに求められていく。「公共交通のシームレス化」とその結果として「MaaS の導入」を目指していくことが必要である。そのためのインフラとして「道内空港と拠点の移動の強化」、「ローカルバスタ・ミニバスタ」の整備推進が必要であると考える。さらに、「北海道新幹線の札幌開業の建設推進」も重要である。

・物流

北海道民の日常生活のためだけでなく、我が国の食糧基地として農水産品を北海道から全国に供給するためにも、物流の役割は非常に大きい。トラックドライバーの減少、災害時の対応などの課題があるが、運ぶべきモノが輸送できない事態を避けるためには、現在の鉄道、トラック、フェリー、航空のいずれもが欠くことができない。そのような中で青函トンネルの新幹線の高速化と貨物鉄道の共用走行問題が課題となっており、インフラとしては「貨物新幹線の導入」が必要であると考える。また、国際物流においては「北極海航路のための港湾拠点化」が求められる。

・環境・エネルギー

環境・エネルギー政策が今後ますます重要となってくる中、北海道が世界の環境・エネルギー政策をリードする地域となるために、「日本海における洋上風力発電の導入」、「石狩湾新港のエネルギー供給拠点化」を進めることが必要と考える。

・災害・安全対策

地震・津波などの自然災害に対する防災対策、インフラの整備は引き続き進めるとともに、豪雪災害対策として、除排雪体制の強化、技術革新も必要である。また、国防としてロシアの脅威から日本を守るという観点からの道北、オホーツク、道東地方の道路整備、鉄道の維持も必要と考える。

・新たなインフラの整備

その他、新たなインフラの整備として「第 2 青函トンネル」「噴火湾アクアライン」「新幹線旭川延伸」による交通ネットワークの強化を図るとともに、地方での医療体制の確保、ワーケーションを推進するための「インフラとしての情報通信ネットワークを強化」することも必要である。また、大樹町を中心とした「宇宙開発の拠点整備」も進めるべきである。

4. 今後の課題

以上の整備を進めるためには、新技術の確立と法体制の整備が必要となってくる。また、従来のような費用対効果に基づいた整備では実現は難しい。国土・地方のありかたについて、これまでと違った新たな評価軸が必要である。

○参加者名簿・ミーティング等の開催履歴

若手技術者交流サロン　2021年8月31日(土)

氏名	所属
植野 弘子	北海道大学 学部4年
大井 啓史	室蘭工業大学 修士1年
小幡 柊	北海道大学 学部4年
加藤 佑典	函館高専 専科1年
川村 季実佳	室蘭工業大学 修士2年
木村 宏海	北見工業大学 修士2年
佐藤 功坪	北見工業大学 修士2年
佐藤 展大	北海道大学 学部4年
関 洵哉	室蘭工業大学 修士2年
髙田 光太	室蘭工業大学 修士1年
髙橋 尚	北海道大学 学部4年
竹内 観月	室蘭工業大学 修士1年
西山 日菜	北海道大学 学部4年
古矢 達也	北見工業大学 修士2年
馬 瑩	北海道大学 修士2年
松下 功志郎	北見工業大学 修士2年
松本 日和	北見工業大学 修士2年
水田 修都	北海道大学 学部4年
山田 隆司	北見工業大学 修士2年
米光 保貴	北海道大学 修士1年
中田 隼之	札幌市
齋藤 真治	札幌市
中山 直智	日本工営
宮本 達也	北海道
田口 伸吾	大林組
丸山 悠真	大林組
阿部 正隆	国土交通省北海道開発局
田中 俊輔	寒地土木研究所
吉田 隆亮	北海道開発技術センター
石井 孝典	ドーコン
伊藤 俊彦	ドーコン
岸 邦宏	北海道大学
渡辺 一功	JR 北海道

オンラインワークショップ　2021年12月15日　参加者46名

土木学会年次技術研究発表会特別セッション　2022年1月30日

パネリスト　一般社団法人北海道開発技術センター　大井　元揮　氏

特定非営利活動法人エコ・モビリティサッポロ　栗田　敬子　氏

国土交通省北海道開発局建設部道路計画課　瀬能　博之　氏

一般社団法人北海道商工会議所連合会　福井　邦幸　氏

札幌市中央区土木部　茂木　秀則　氏

オーガナイザー　北海道大学公共政策大学院　岸　邦宏　氏

東北支部

主査コメント

今回の取組みを通じて感じたこと

- 今回のプロジェクトは、20～40 代の世代が 30～50 年後の東北地方のインフラ像を考えるという主旨であったため、学生対象のワークショップを開催することとした。
- ワークショップ参加学生に加え、産官学それぞれの分野の 30～40 代の若手コアメンバーが、ワークショップの開催やワークショップ内での議論のサポートを行うこととした。
- オンラインでワークショップを開催したこともあり、(仙台のみならず)東北地方の広い範囲から学生の参加があった。
- ワークショップ当日は、学生間の活発な議論があった。最終的な成果である総括地図のみならず、これらの議論の過程も、本プロジェクトの重要な成果であると考える。学生からあがったアイデアには、東北地方の特徴を活かすために重要なアイデアや、当初想定していなかった視点が多く含まれており、特に以下のアイデアが印象的であった：
  - 各都市間の距離が長い東北地方において、仙台を経由しないと他の都市に行けないことが多いのは非効率的ではないか
  - 仙台を経由せずに東北地方を移動するようなインフラが必要ではないか
  - 東北地方を周遊できるようなインフラが必要ではないか
  - お祭り・歴史・文化を重要視し、その価値を実現するためのインフラや取組み(例えば、ボディシェアリング)が重要となるのではないか
  - 震災の教訓を活かすようなインフラが必要ではないか
  - 東北地方の自然環境、雪、温泉を活かすためのインフラが必要ではないか

地域の未来を考えることの意義、今後の展開

- 今回のワークショップの参加学生には、東北地方の魅力・価値・問題点をより明確に認識してもらえたのではないかと考える。
- 今回の参加学生が、将来、東北地方のインフラ整備・維持管理に携わるようになった際に、今回のワークショップでの議論の内容・視点が活かされる可能性が大いに期待できる。
- 仮に、今回の参加学生が将来東北地方以外のインフラの整備・維持管理に携わるとしても、本ワークショップでの考え方を応用することにより、その地域固有の特徴を活かしたインフラ整備・維持管理ができるのではないかと考える。
- 社会人である若手コアメンバーにとっても東北地方の未来を考える良い機会となった。
- 今回のようなイベントを繰り返すとともに、今回のワークショップで学生からあがった新たなアイデアを活かすための制度設計、それをサポートする年長世代の取組みが、今後の重要な展開の１つであると考えられる。

支部 WG 成果の概要

支部の活動の取組み概要

東北地方に位置する大学からの参加を募り、学生向けワークショップを実施した。以下にワークショップの概要を示す。

ワークショップテーマ:「東北を繋ぐ」

概要(学生向け説明文):

30～50 年後の東北地方のインフラ(道路、鉄道、橋梁、上下水道、電気、ガス、公共施設など)の姿を地図に描くのが本ワークショップの最終目標です。将来どのような技術が開発され、人々がどう暮らすのが豊かな社会なのかを念頭に、それを支えるインフラ像を自由な発想で描いてもらえればと考えております。インフラの整備や維持管理には当然のことながら費用や人員が必要となりますが、それらの制約はそれほど気にする必要はありません。チームごとに、以下のサブテーマに照らす(思い付いたアイデアをサブテーマに分類する)、あるいは、1, 2個(3 個以上も歓迎)のサブテーマに対して具体的に何を繋ぐかを設定し、その実現のためにはどのようなインフラの在り方が必要なのかを自由に提案してもらえればと思います。

【人と繋ぐ 1】	東北6県の人的交流、東北と日本全国の人的交流がどうなっているか、 それを促進するためにどうすればいいか（居住人口を想定）
【人と繋ぐ 2】	東北6県に日本全国、世界各国から観光客を集めるにはどうしたらいいか （観光客を想定）
【命を繋ぐ】	医療ネットワークの拡充、津波などへの災害対策の充実のためには どうしたらいいか
【世界と繋ぐ】	東北各県が（東京を介さずに）世界と直接つながるにはどうすればいいか、 現在のネットワーク状況とこれからの状況を想像してみよう
【暮らしと生業を繋ぐ】	東北6県の産業はどうなっていて、どのように日本や世界のサプライ チェーンと繋がっているか、後継者問題なども含めこれからどうすべきか
【歴史や文化を繋ぐ】	東北6県の豊かな文化を再考し、それらを維持するために 土木インフラがサポートできることは何か
【地球環境を繋ぐ】	エネルギーシフトが行われた30～50年後はどのような社会だろうか、 そのために土木インフラがサポートできることは何か

参加者：東北地方に位置する大学の学生、仙台二華高校の学生・関係者（オブザーバー）

日時・当日のスケジュール：

3月5日(土)13:00～16:00（オンライン開催）

1. 全体説明（13:00～13:20）（東北大 原、水谷）
2. チーム内ディスカッション、講師によるエスキース（13:20～15:00）
3. 各チームによる最終プレゼン（スライド上で担当県の地図にインフラを描く）、講師による講評（15:00～15:40）
4. まとめ（15:40～16:00）（東北大 原、水谷）

講師役：土木学会東北支部ビッグピクチャープロジェクト若手コアメンバー

配布資料：地図データ、現在のインフラデータ、現在・将来の人口（予測）データ

地域の将来像、絵姿、それを支える土木、インフラ（ハード＆ソフト、制度・事業など）

ワークショップにて学生が主体となり作成した東北地方の将来像の一部を以下に示す。

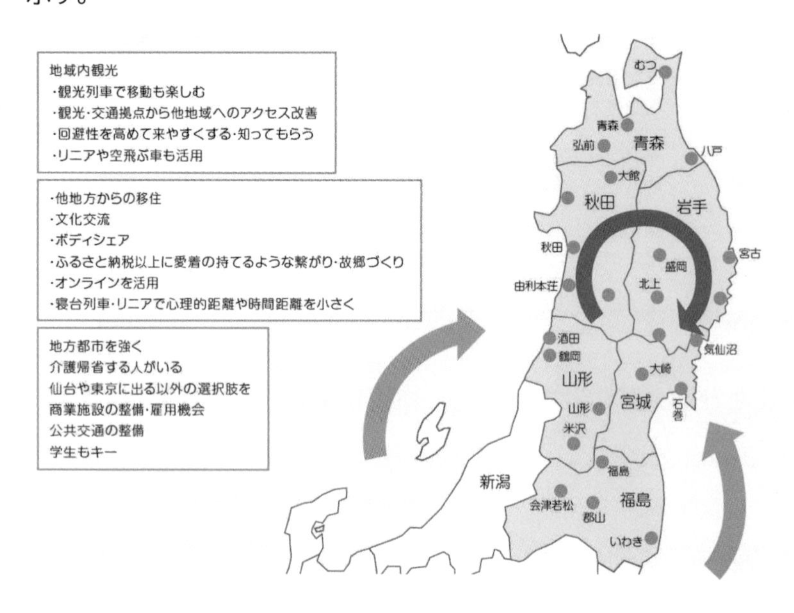

地域内観光
・観光列車で移動も楽しむ
・観光・交通拠点から他地域へのアクセス改善
・回避性を高めて来やすくする・知ってもらう
・リニアや空飛ぶ車も活用
・他地方からの移住
・文化交流
・ボディシェア
・ふるさと納税以上に愛着の持てるような繋がり・故郷づくり
・オンラインを活用
・寝台列車・リニアで心理的距離や時間距離を小さく
地方都市を強く
介護帰省する人がいる
仙台や東京に出る以外の選択肢を
商業施設の整備・雇用機会
公共交通の整備
学生もキー
むつ
青森
弘前
青森
八戸
大館
秋田
岩手
宮古
秋田
盛岡
由利本荘
北上
気仙沼
酒田
鶴岡
大崎
山形
宮城
山形
石巻
米沢
福島
新潟
会津若松
郡山
福島
いわき

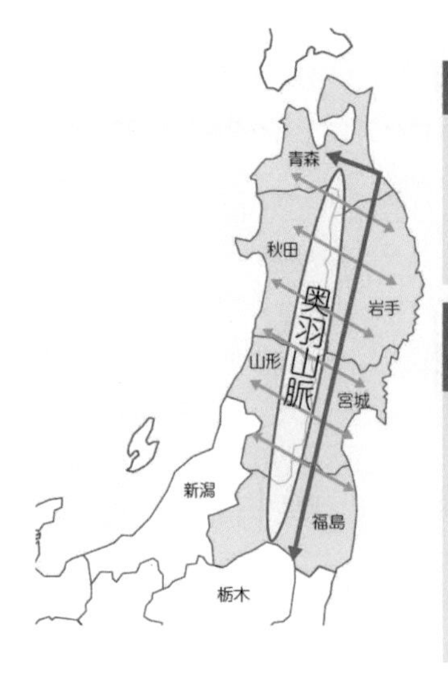

東北地方の広さを克服する移動速度が欲しい

課題：東北地方における地域間の距離の遠さ

2050年のインフラ像：リニア新幹線の導入により仙台青森間の移動時間が大幅に短縮される

→観光やビジネスでの人の移動が快適に

仙台を経由せず斜めに東北地方を移動できれば、もっと活性化するのでは？

課題：山脈による東西方向の移動の制限＋インフラ維持の負担

2050年のインフラ像：ドローンや空飛ぶ車を活用し、奥羽山脈を挟んだ道路の移動を簡単かつ効率的にする

→VRを用いて天候などの情報を表示させながら運転できれば空中でも安全に運転できる

→山間部では、緊急輸送道路以外の道路や橋梁を廃止して維持管理費用を削減できる。道路除雪の負担も減る

今後の検討課題

今回のビッグピクチャープロジェクトは、若手世代が東北地方について、再認識し、将来のインフラ像を描くための大きな第一歩となったと考えられる。このような主旨の議論を継続的に実施してゆくことにより、いずれは現実のインフラ整備・維持管理にその成果が反映されるのではないかと推察される。そのための議論の場を、運営側の負担も考慮しながらいかに構築してゆくかが今後の検討課題となり得る。

参加者名簿・ミーティング等の開催履歴

参加者名簿

学生向けワークショップ参加者：

学生 11 名（東北学院大学、東北工業大学、岩手大学、秋田大学、東北大学）

宮城県仙台二華高等学校関係者数名

若手コアメンバー：

原祐輔（東北大学）

水谷大二郎（東北大学）

三戸部佑太（東北学院大学）

神宮正一（国土交通省東北地方整備局）

松浦亜祐美（前田建設工業株式会社）

神林翠（日本工営株式会社）

有賀しほり（東日本高速道路株式会社）

ミーティング等の開催履歴

2021年7月5日(月)	ビッグピクチャーに関する本部・支部打ち合わせ
2021年7月20日(火)	東北支部内でのビッグピクチャーに関する打合せ(広報部会)
2021年9月2日(木)	ビッグピクチャー支部WG
2021年10月7日(木)	若手コアメンバーキックオフ会議
2021年10月14日(木)	東北支部内でのビッグピクチャーに関する打合せ(広報部会)
2021年10月14日(木)	東北支部・谷口会長との意見交換会
2021年11月12日(金)	ビッグピクチャー支部WG
2021年12月21日(火)	東北支部内でのビッグピクチャーに関する打合せ(広報部会)
2022年1月27日(木)	ビッグピクチャー支部WG
2022年3月5日(土)	学生向けオンラインワークショップ
2022年4月5日(火)	ビッグピクチャー支部WG

※上記の他に、メールなどで適宜準備やコミュニケーションを行った。

関東支部

はじめに 主査コメント

今回、関東支部ではビッグピクチャー(以下 BP)WG をどのように進めていくべきか、支部長をはじめとした支部幹部で検討を重ねた。関東支部では部会と呼ばれる組織で例年支部活動を行っている。また、一都三県以外の地域においては分会(新潟、群馬、栃木、茨城、山梨)と呼ばれる県を単位とした活動組織も存在する。検討の結果、この既存の組織を中心に BP の活動を進めることが方針として決定された。BP 活動を始めるにあたり、何を行うべきなのか、どのような成果を出すべきなのか、そのような質問が皆から上がった。「地域の将来を自分たちで考える」「あって欲しい将来のインフラ施設を考える」「日本がどのような社会であって欲しいかを考える」このような抽象的な言い方では、具体に何をすべきか当初は誰もが想像できなかった。「成果は問わない」、「成果よりプロセスを重視」、「活動形式は自由」そんな曖昧な指示のもと、関東支部の BP 活動は始まった。

部会では例年、市民や会員に向けての講演会やワークショップの機会を提供してきている。今年度はその中に BP を落とし込んでの多くの活動が行われた。市民向けの無料講演会を行い、市民に向けての BP の発信もできた。支部は市民と土木学会をつなぐ大きな役目を担っている。この BP 活動でも市民と学会をつなぐ役割も果たせたと感じている。 また、各県の分会には、地域の抱えている課題や地形的な特徴を踏まえながら BP を考えてもらった。土木分野以外の人に話を聞いたり、大学生主体のワークショップを行ったりと、さまざまな活動が行われ、多くの BP が提案された。BP と言えばハードのインフラ施設を想像しがちであったが、インフラを使用する市民の生活やコミュニティに焦点を当てた BP の議論を行った分会もあった。ハードのインフラのみならず、そのインフラを使用する市民の目線に立った考え方を議論することができたことは、今回の活動の大きな収穫であった。 土木学会が BP を考えるうえで、何に重きをおくべきなのか。土木技術者として何を中心に考えるべきなのか。今回の活動の中でさまざまな議論が起こった。その中で多くの賛同を集めたのは、「自然災害の多い日本では、やはり国民の安全・安心を守るべきことが、土木に携わる我々の使命ではないか」という意見であった。「安心安全を提供すること、まずそれが土木の基本ではないか」と。このような、土木技術者のありかたを考えるような議論が起こったことも、特筆すべきことであったと感じている。さらに、環境問題、エネルギー問題、都市問題など、さまざまな課題を土木技術者としてどのように解決していくべきかについて多くの議論がなされた。特に首都東京については、既にインフラが成熟しており、一極集中の緩和や通勤ラッシュ、交通渋滞、高齢社会への対応などの身近な問題の解決も求められている。このような中、BP は単一的なものではなく、時代とともに変化する社会の問題と合わせて検討することが望ましいと考え、現在から 100 年先まで時間軸を動かし、議論した。時間軸を考えることで、喫緊の課題が何か、その解決策として何が必要なのかが浮き彫りになった。また、遠い未来においては解決策としての BP だけでなく、観光インフラ、例えば「道路を必要としないエアーモビリティー」やアニメで描かれるような未来都市など、現時点において実現性は低いが"世界都市東京"を描くための夢のある BP も考えられた。

BP 活動を支部で行って、あらためて自分の将来を考えることの大切さを痛感した。将来と一言でいっても、10 年後から 100 年後、それ以降とさまざまな将来がある。いつ、どのような技術が実用化されるかは誰にも想像できない。しかし、自分たちに何が必要かを考えることなくして、自分たちの将来は作れないとも実感した。「将来のありたい姿を考えること、その将来に向かって自分は何ができるかを考えること」は、本当に大切であると実感した。今回の関東支部の活動は、今までの支部活動の中に BP を落とし込んだものであった。これは今後、BP 活動を支部で継続していくためにはとてもよい進め方であった。今後も、学会員、学生会員、市民など多くの人に参画していただき、BP 活動を継続させていきたい。

関東支部ビッグピクチャーの成果概要

支部活動の取組み概要

関東支部は、7 つの部会、1 つの委員会並びに、5 つの分会で構成されている。各組織の多面的な観点で取り組むことが望ましいと考え、各々で自由に活動内容を企画・実施してもらい、2021 年度末に関東支部としてのビックピクチャーをとりまとめた総括的な報告会を開催した。また将来を担う学生の自由で柔軟な発想を求め、スチューデントチャプターにも参画を募った。

各分会・部会での活動内容

関東支部全組織の内、5つの部会（企画部会・技術情報部会・学術研究部会・広報部会・交流部会）と5つの分会（新潟会・山梨会・群馬会・栃木会・茨城会）が参画し、個別に活動を実施した。

【各部会・分会毎で実施した主な活動内容】

①各部会・分会グループ内での討議・座談会の開催

②見識者による講演会開催と講演会出席者へのアンケート収集

③若手交流サロン、ワークショップの開催、子ども向けイベント内の企画の開催等

【スチューデントチャプターでの主な活動内容】

2 つの大学（日本大学・中央大学）内の 5 つのグループでプレゼンテーションの実施。

地域の将来像、絵姿

地域の将来像

地域の将来についてあるべき姿の意見として、①地域資源を活用したインフラ整備・地域創生、②首都圏・重要施設とのネットワーク連携強化、③個人の多様性・自由を配慮したインフラ整備等の意見があがった。以下、各組織(部会/分会/スチューデントチャプター)であがった意見を述べる。

【地域の将来像としての意見】

企画部会　：50 年後、100 年後の時間軸で BP を描く(グリーンインフラ、再生可能エネルギー等)

技術情報部会：「循環型社会」、「国土強靭化」、「再生可能エネルギー」を優先したインフラ整備

交流部会　：少子高齢化・防災減災対策・気候変動に対するインフラ整備や、交通・物流インフラの強化

広報部会　：防災減災対策・都市交通インフラ整備の強化

新潟会　：新潟の特徴・独自の強みを生かしたインフラ整備、個人の多様性・自由を尊重したインフラ整備

群馬会　：交通インフラの強化、エネルギーの地産地消を図ったインフラ整備

栃木会　：持続的なインフラ整備をするための地域建設業の持続性確保・新技術導入推進・技術の継承

茨城会　：地理的特徴・歴史的特徴を生かしたインフラ整備・茨城の観光都市化

山梨会　：地域資源を活用したインフラ整備・全国地方都市に対しモデルケースとなるような整備

スチューデントチャプター：自動運転による新交通システム構築、地域資源を活用した観光産業振興

地域の将来像

地域の将来像に関する概要を「防災・環境問題」、「新分野との融合」、「既存インフラの活用」、「人流・地域活性化」を4つの観点から分類した。縦軸を具体性の程度、横軸を時代とし、関東地域の絵姿を区分し、将来関東地域であるべき絵姿の方向性を分析した（図-1 参照）。

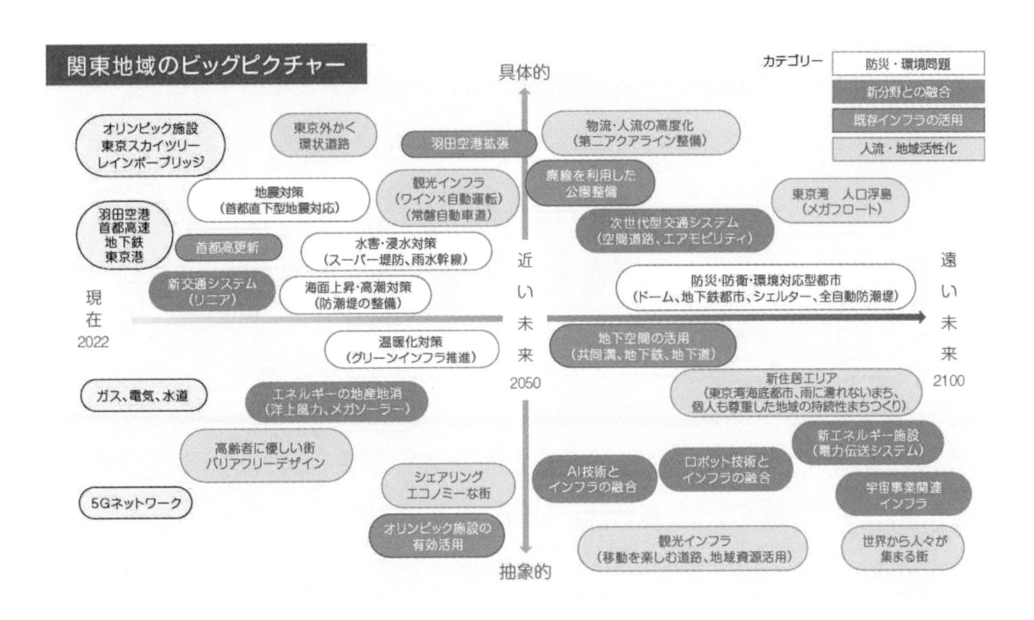

図-1：キーワードゾーニング一覧

【近い未来 2050】

関東地域は、戦後から高度経済成長期、さらに現在へとさまざまな社会インフラが整備され、現在は東京オリンピック 2020 の開催もあり、成熟された状態だとも言える。一方、近年の地震や水害などの激甚災害・気候変動への対応、持続可能的なエネルギーの供給問題、人口減少・高齢社会問題など、喫緊に対応すべき課題が浮かび上がった。これらは近い将来（2050 年）にまでに整備したい絵姿である。図-1 では、防災・環境問題（黄色ハッチ）は具体性が高く実現性が高いものの、人流・地域活性化（青色ハッチ）はバリアフリーやシェアリングエコノミーなどは抽象的な絵姿と区分され、実現化に向けた検討が必要であると考えられた。

【遠い未来（2100 年）】

2050 年までに喫緊の社会問題に対するインフラは整備されるが、一方で、社会構造の変化に伴い、既存地下空間やオリンピック施設の有効活用など、「既存インフラの活用（赤色ハッチ）」が必要になる。さらに遠い未来（2100 年頃）になると、AI やロボット技術、次世代型交通システム（空間道路）、宇宙事業など、まさに未来の

「新分野との融合(緑色ハッチ」に関する絵姿が考えられた。また、メガフロート、海底都市、ドーム・地下都市など、アニメに描かれた未来都市を想像させる絵姿では、都市自体を観光として楽しめるインフラと捉え、世界から人々が集まる街にしたいと考えられた。しかし、これら「新分野との融合(緑色ハッチ)」や「人流・地域活性化(青色ハッチ)」に関する絵姿は未だ抽象的であり、今後の検討が期待される内容である。

それを支える土木、インフラ(絵姿を描くために必要な具体的インフラ

以下に、4つの観点から将来の関東地域に必要な具体的な土木、インフラを記す

①防災・環境問題　：スーパー堤防、防潮堤、グリ—ンインフラ、ドーム型都市、地下都市、防災シェルター

②新分野との融合　：リニア新幹線、洋上風力、メガソーラー、ロボットや AI 技術活用、宇宙関連事業

③既存インフラとの活用　：首都高更新、羽田空港拡張、オリンピック施設の活用、地下空間の有効利用

④人流・地域活性化　：ユニバサールデザイン、シェアリングエコノミーなまちつくり、観光インフラの強化

今後の検討課題

関東支部地域におけるビックピクチャーを実現するためには、官学民が各々の意見・発想・技術を持ち合い、問題・課題の解決や社会構造の変化に対応すべく検討を重ねる必要がある。また今回のビックピクチャーが、一過性の絵姿にとどまらず、時代に応じた絵姿になるよう描きなおすことが重要である。今後も取組みを継続的に実施していくことを期待したい。

開催記録

参加者名簿

関東支部　　：樫山支部長

企画部会　：岩住主査　玉嶋副主査

技術情報部会　：山浦主査

交流部会　：永井主査

広報部会　：大高主査

新潟分会　：紅露運営幹事

群馬分会　：平川運営幹事

栃木分会　：末武運営幹事

茨城分会　：車谷運営幹事

山梨分会　：武藤運営幹事

スチューデントチャプター：藤山幹事

開催履歴

①2021年9月28日：活動内容主旨説明、各部会・分会毎の活動内容に関する策定の依頼

②2021年11月9日：各部会・分会の提案内容発表と確認

③2022年1月17日：各部会・分会活動内容の確認及び、ビックピクチャーに関する討論

④2022年3月8日：各部会・分会での最終活動内容報告、ビックピクチャーに関する総括討論

⑤2022年3月25日：スチューデントチャプターによるビックピクチャーに関する報告会開催

【2.関東支部BP実施スケジュール】

(添付資料.1)

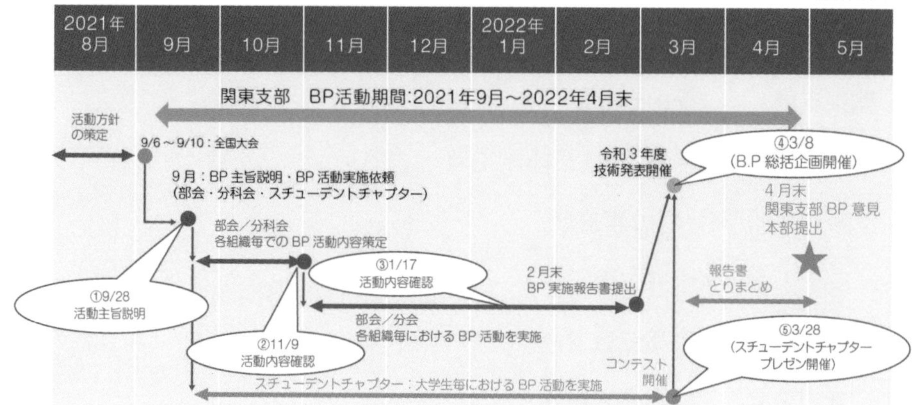

中部支部

主査からのコメント

(1)学生のアイデアと提案の特徴

土木学会中部支部では「中部ビッグピクチャー企画研究会(以下、研究会)」における若手研究者・技術者による活動と、「技術者と学生の交流会(以下、交流会)」での学生による中部のビッグピクチャー(以下、BP)の提案という二つの取り組みを軸に BP プロジェクトを展開した。

研究会では、毎回、有識者をお招きして中部や国土形成の課題等に関するヒアリングを行い、多様な分野の専門家の意見を伺うとともに、交流会のサポートや学生から挙がったアイデアや提案内容の分析等を行った。

中部支部での活動で最も特徴的だったと自負していることの一つが、毎年開催している交流会とBPを連携させることで、学生・学校主体の活動を繰り広げた点である。各学校では数ヶ月にわたって授業や課外活動の時間を利用してワークショップを開催いただき、中部の BP を提案いただいた。中部各地の学校が一つのテーマに対して、これだけ大規模に取り組みを展開したのは近年では稀な活動だったと思う。学生だけでなく、サポートいただいた各学校の教員にとっても大きな挑戦だったはずで、教員の皆様の協力に心より感謝申し上げたい。

各学校でのワークショップを経て出てきた提案はどれも自由な発想に溢れ、何より我々大人から見ても大変ワクワクさせられるものであった(資料 2 参照)。研究会では、学生たちの提案を最大限活かし、中部の BP として取りまとめを行った(研究会の最終ミッションは、学生たちの提案を中部の社会或いは空間的な文脈に落とし込むことであったといえる)。ここでは、各学校の取り組みに敬意を表して、簡単ではあるが、学生からの提案をいくつかの特徴に分けて紹介したい。

■分散型社会と山岳地への視点

学生からのすべての提案に共通していた危機感の一つが人口減少・少子高齢化であった。この危機感に対する解の一つが分散型社会の実現である。働き先の分散（名古屋工業大）、中規模都市圏の分散（豊田高専）といった、中部全体の人口や機会構造の転換といったコンセプトは最たる例である。

また同様の文脈において、中部山岳地に対する具体的な提案が複数見られたことも特徴的であった。中部大の『山で生きる』、豊橋技科大の『そうだ山に住もう』という明確なコンセプトは力強く、彼ら世代の危機意識に裏打ちされた、学生ならではの自由な発想に富んだ提案であった。

■既存インフラの活用

人口減少に伴うインフラの利用・管理の変化に着目した既存インフラの活用も学生の提案に数多く見られたアイデアである。例えば名古屋港の国際ハブ化（名古屋工業大）や、観光を軸としたローカル鉄道の再生（金沢工業大）、リニア新幹線と既存交通との接続による新たな動線の創造（信州大）などは、具体的かつ説得力のある提案だった。中でも特徴的だったのが岐阜大の未利用道路をサブスクで貸し出すというアイデアであり、既存の制約に囚われないBPならではの提案だったと思う。

■新交通モードへの期待

自動運転やUAV、VTOLといった新交通技術に関する研究・開発が進んで久しい。学生の提案からも、これらの新たな交通モードに対する期待と、それがもたらす新たな社会の可能性を数多く見ることができた。

愛知工大の学生提案を分析した結果では、「便利」、「住みやすさ」、「高速道路」、そして「自動運転」といったキーワードが上位を占め、新交通モードを利用した便利な社会を志向する傾向が見られ、金沢工業大の提案においても、高速鉄道などの新交通モードを利用した新たな地域づくりの視点が見られた。名古屋大の提案ではUAVを使用した国土管理システムや、自動運転とコンテナを組み合わせたシームレスな移動といった新交通モードを利用した、新たなアイデアが垣間見られた。

（2）BPプロジェクトの意義と今後の展開

本 BP で目指すところとして、本部より最初に伝えられたことが「アウトプット（成果物）より、プロセス（経緯）重視」であった。この約一年間の活動を振り返って、BP を考えることは自分達の地域を歴史的・空間的なシステムとして捉えなおすというプロセスであり、それ自体が明確な成果物になったと思う。中でも、各学校で熱心に展開された BP の取り組みは、総合工学たる土木工学の、まさしく「総合化」を行うための訓練、あるいは教育の場になったと考えている。

当然ながら BP は、世代や社会あるいは環境が変化すれば、それに応じて変わり続けるものであり、BP それ自体が土木の営みであると思う。この営みが学会あるいは教育の場において今後も継続されることを願う。

中部支部WGの成果

（1）取組みの内容と経緯

中部支部では「中部ビッグピクチャー企画研究会（以下、研究会）」での中部のBPとりまとめ・作成と「技術者と学生の交流会（以下、交流会）」での学生による中部BPの提案という二つの取り組みを軸にプロジェクトを進めた（図-1）。

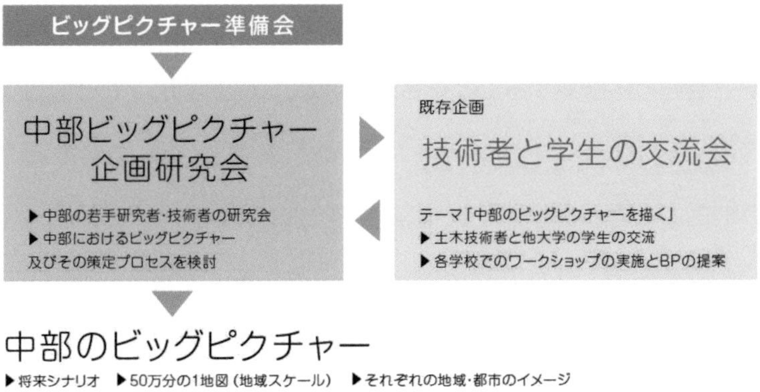

ビッグピクチャー準備会

中部ビッグピクチャー企画研究会

▶中部の若手研究者・技術者の研究会
▶中部におけるビッグピクチャー及びその策定プロセスを検討

既存企画

技術者と学生の交流会

テーマ「中部のビッグピクチャーを描く」
▶土木技術者と他大学の学生の交流
▶各学校でのワークショップの実施とBPの提案

中部のビッグピクチャー

▶将来シナリオ　▶50万分の1地図（地域スケール）　▶それぞれの地域・都市のイメージ

図-1　中部支部での BP プロジェクトのフレームワーク

a）中部ビッグピクチャー企画研究会

研究会は中部地域におけるビッグピクチャーの提案を目的とする、中部の産官学からなる若手研究者・技術者とアドバイザーによって構成された研究会であり、全４回の研究会を開催した。研究会では、中部におけるビッグピクチャー及びその策定プロセスの検討、中部の学識者・経験者へのインタビューを通した知見の収集・整理、交流会の提案条件の整理・支援、最終的なビッグピクチャーを提案のとりまとめを行った。

b）土木技術者と学生の交流会

■開催概要

土木学会中部支部で毎年開催している「土木技術者と学生の交流会」を今年度はビッグピクチャープロジェクトと関連づけ「中部のビッグピクチャーを描く」をテーマに開催した。開催日程は 2022 年１月 20 日（木） 15 時-18 時、開催方法は Zoom を用いた完全オンライン とした。

■各学校での事前ワークショップの実施

交流会に先駆けて、各学校でビッグピクチャーに関するワークショップを実施した。ワークショップでは、中部地域の 50 年後のピクチャー（理想像）を学生の自由なアイデアをもとに提案することを目的として、50 万分の 1 の地図上に中部地域の 50 年後をイメージしたインフラ、地域・都市を表現する。表現方法は、50 万分の 1 の地図上に直接、線や点で描くだけでも構わないが、余白等にその具体的なイメージの絵や文章によって補足いただくことが有効である。ただし、各大学で対象学年や参加人数、地域特性が異なることから、具体的あるいは仮想的な地域や都市を対象として 50 年後のピクチャーを自由に描いていただいても構わない（必ずしも 50 万分の 1 の地図での表現にこだわる必要はない）。各大学の実情に応じた方法で、50 年後のピクチャーを表現する。なお、「技術者と学生の交流会」に参加する大学は 10 分程度で WS の成果を画面共有機能を用いてご報告いただく。よって交流会での発表をイメージして各大学での取りまとめを行った。

■土木学会／中部支部からの提供資料

各学校での事前ワークショップへの支援として以下の資料・コンテンツを土木学会本部または研究会で作成して提供した。

- 地図データ（土木学会本部提供）：地形図：50 万分 1 デジタル標高地形図（地方図画）、現況インフラ地図：50 万分 1 電子地形図タイル（地方図画）、人口分布：国土数値情報より 50 万分 1 地方図画で出力、日本全図
- 学習用コンテンツ：中部地域の将来予測に関するパワーポイント資料、並びにそれを用いた説明動画（20-30 分程度）

■交流会の構成とスケジュール

交流会は以下の全 3 部で構成された。第 1 部では開催挨拶を土木学会中部支部長よりいただき、実行委員長より開催趣旨や開催方法について説明があった。第 2 部では各学校で実施いただいたワークショップの成果を発表いただいた。第

3 部では第 2 部での発表を踏まえて、ブレイクアウトルーム機能を使用したグループ交流会を実施した。参加人数は 102 名(学部生 22 名、大学院生 15 名、大学教員 9 名、民間企業 11 名、官庁・自治体職員 8 名、その他 4 名、(以下は各大学から報告のあったサテライト接続で参加した学生の人数)名古屋工業大 8 名、信州大 5 名、豊田高専 8 名、中部大 2 名、名古屋大 6 名、事務局 4 名)となり、概ね予定していた時間通りに進行した。

(2)取組みの成果

■コンセプト:多様な文化とつながりが育まれる中部

■中部の特徴と課題

中部は中央構造線と糸魚川-静岡構造線という我が国の主要構造線が東西南北を横切り、その構造線によって形成された急峻な日本アルプスが内陸部に位置している。また、木曽川、千曲川、天竜川といった我が国を代表する大河川が複数存在し、海から山にいたる長大な奥行きの中で、多様な流域文化が発達してきた。さらに、それらの川々から流れ出た土砂や養分、そして多様な海岸地形によって豊かな海の文化も育まれてきた。中部では、これらの流域と海の風土に根付いた独自の文化やものづくり産業が発達し、現在では国際的な企業が日本全体の経済を牽引している。これらの産業は大都市のみならず中小都市においても安定的な生活基盤を形成している。

しかし、近年では中部においても、特に中山間地の人口の減少や高齢化が進んでおり、将来的にも愛知県を含む全域で人口は減少すると予測されている。さらに、コロナ禍は、観光や飲食業といった文化を基盤とする産業へと経済的な打撃を与え、サービス産業とその他の産業の間で経済的な二極化が進んでいる。中部の多様な文化の未来を支える、人と生業の長期的あるいはショック的な減退は、各地の文化と産業の担い手の減少を加速させ、圏域全体としての文化の多様性の喪失を招く恐れがある。

これらの危機に対して、私たちは中部の多様な風土と流域文化を育みながら、そこに住む人々が安定した生業を営むことが可能な新たな経済圏、あるいは交流圏を形成する必要がある。以上の中部の地形的・文化的特徴、そして問題意識を踏まえ、中部におけるビッグピクチャーでは以下の実現を目指す。

1. 地域ごとに独自の文化・産業（価値）が存在し、それらの価値がさらに育まれる圏域
2. 地域ごとの価値をそこに住む人たちが享受し、楽しみ、生業として成立している圏域
3. 地域の価値が社会へと広く発信・認知され、それらの価値を享受するために喜んで移動できる圏域
4. それぞれの地域が、国内外の地域や人と直接繋がり、人とものが活発に行き交う圏域

■提案内容

以上の圏域を達成するために、本ビッグピクチャーでは以下の二つの提案を行う。

流域圏及び文化圏をつなぐネットワーク

かつて河川は物流の中心であり、川沿いに物流の拠点が形成された。また、それぞれの流域は山々を跨いで街道として結ばれ人とモノが交流した。街道と河川が交わるところには都市が発達し、都市は文化を蓄積し、流域ごとに異なる文化を育んできた。つまり、河川は上流と下流を、街道は流域と流域を繋ぐ役割を担っていたと言える。近代以降、それらの地域間の関係性は道路や鉄道という近代交通システムに置き換わり、流域の地形や風土に象られた各都市の文化と個性は薄らいでいった。

本 BP では、中部の風土と歴史の中で育まれた流域及び文化圏とそれらの中心都市を尊重し、それらの都市が UAV、VTOL といった空中を利用した新交通モードによって結節された新たなネットワークを提案する。

UAV、VTOL は落下や不時着等の事故のリスクを考慮して、河川や谷合といった現代の交通未利用地の上空を移動する。これらのルートの多くは奇しくも、かつてこの圏域の文化を育んだ舟運や街道のルートと重なり、元来の地域間のつながりを強化することになる。

なお、ここでの中部内での流域圏、文化圏の空間的な基本関係は、中部>流域圏≧文化圏となる。中部は複数の流域圏によって構成され、流域圏がいくつかの文化圏に分かれる。しかし、所謂、流域界という地形的な境界を超えて文化的特徴を共有している文化圏も存在するため、一つの文化圏が単一の流域圏の中に包絡されるとは限らない。文化圏はその歴史的な形成過程より、概ね旧藩の圏域に等しい。

「新しい駅」

それぞれの文化圏が経済的・社会的に自立し、各文化圏、日本各地、そして世界各国と直接的に交流可能なネットワークの形成を目指す。そのなかで各文化圏とそれらの中心都市に必要となるインフラとは、文化圏と外とを結節し人とモノの玄関口となる「駅」である。

本 BP では、新交通モードによって文化圏、日本各地、あるいは世界とのネットワークを達成するための地域の「新しい駅」のかたちを提案する。この「新しい駅」は川沿いに立地し、地域内の既存の鉄道駅や道の駅といった既存交通モードの拠点と接続されつつ、UAV、VTOL といった新交通モードへの結節点となる（その結果としてそれらの多くは川と道路の交差点、つまり橋詰に立地することになる）。ここでは交通の結節点としての機能だけではなく、人とモノが交流しながら新たな地域の文化や生業を生み出すためのイノベーションの拠点となり、地域の人々が集まり楽しむための場となる。

「新しい駅」は川沿いに位置し地域の拠点としての性格から、災害時には所謂防災ステーションや避難所として機能し、新交通システムを利用した緊急物資やボランティアなどの救助要員の受け入れ、あるいは他の被災地への支援の窓口となる。流域内のネットワークで接続された「新しい駅」は災害時には強力な流域治水の拠点またはネットワーク化された骨格として機能するだろう。

参加者名簿・ミーティング等の開催履歴

(1) 中部ビッグピクチャー企画研究会		(2)「技術者と学生の交流会」実行委員会	
名簿 ※○:委員長	開催履歴	名簿	開催履歴
大野 暁彦　名古屋市立大学大学院 芸術工学研究科 片桐 由希子　金沢工業大学 工学部 環境土木工学科 川口 暢子　愛知工業大学工学部土木工学科 久保田 善明　富山大学 都市デザイン学部 都市・交通デザイン学科 戸田 洋平　大日本土木株式会社 中日本支社 土木工事部 出村 嘉史　岐阜大学社会システム経営学環 ○中村 晋一郎　名古屋大学大学院工学研究科 土木工学専攻 原田 守啓　岐阜大学 流域圏科学研究センター 森田 紘圭　日本コンサルタント株式会社 (アドバイザー) 秀島 栄三　名古屋工業大学 道浦 真　土木学会中部支部長 (愛知県) (事務局) 土木学会中部支部 (愛知県)	研究会メンバーの募集 (2021/7/26-8/12) 第1回研究会 (2021/9/6) ・研究会の進め方について ・有識者ヒアリングの候補者について 第2回研究会 (2021/10/26) ・有識者ヒアリング 難波了一上席研究員 (中部圏社会経済研究所) ・交流会の開催方法について ・各大学でのWSの開催方法について 第3回研究会 (2021/12/20) ・有識者ヒアリング 岡本耕平教授 (愛知大学文学部) ・土木技術者と学生の交流会の準備状況 ・今後の進め方と日程調整 第4回研究会 (2022/2/17) ・有識者ヒアリング 小池深司教授 (神戸大学、土木学会 BP将来インフラWG委員長) ・土木技術者と学生の交流会の振り返り とりまとめ会議@名古屋工業大学 (2022/4/16-17) ・中部BP提案内容のとりまとめ 支部総会における活動報告 (2022/5/12) 活動報告書の提出 (2022/5月末)	委員長 中村 晋一郎　名古屋大学 副委員長 中村 純一　株式会社 大林組 不破 崇博　東海旅客鉄道 (株) 稲垣 了史　名古屋高速道路公社 河村 隆　信州大学 山本 義幸　愛知工業大学 委員 国枝 稔　岐阜大学 渡辺 孝一　名城大学 秀島 栄三　名古屋工業大学 磯部 友彦　中部大学 横田 久里子　豊橋技術科学大学 大畑 卓也　豊田工業高等専門学校 渡邉 尚彦　岐阜工業高等専門学校 内田 慎哉　富山県立大学 竹内 久充　三重県 木戸口 善治　石川県 成田 伸夫　中部電力 神尾 守人　近畿日本鉄道 (株) 山中 健司　名古屋市緑政土木局 事務局 浅岡 弘輝　愛知県建設局道路建設課 長谷川 亮磨　愛知県建設局道路建設課	各学校でのワークショップ開催 (2021年11月～2022年1月) 第1回委員会 (2021/9/14) ・実行委員会設置規定の確認 ・実行委員会名簿の確認 ・参加意向調査結果の報告 ・昨年度交流会の実施報告 ・今年度の実施内容及びロードマップの確認 第2回委員会 (2021/11/1) ・交流会の開催日程及び開催方法概要案について ・各大学でのワークショップの実施方法案について 第3回委員会 (2021/12/2) ・各大学でのワークショップの実施状況について ・交流会プログラム案について ・交流会の募集について 第4回委員会 (2021/12/24) ・各大学の交流会での発表状況について ・交流会プログラム案について ・交流会の募集状況について 第5回委員会 (2022/1/17) ・参加申込み状況について ・交流会の事前案内について ・交流会のプログラムと準備状況について 「技術者と学生の交流会」開催 (2022/1/20) 第6回委員会 (2022/3/14) ・交流会の振り返りと報告書案について

関西支部

30 年後の”土木”のビッグピクチャー　主査コメント

昨年の9月末、「30 年後の土木のビッグピクチャー」策定のミッションを受け、あまりにもテーマが大きすぎて、どこからどのように手をつけたらよいのか、全くの手探りの状態からのスタートでありました。

そこで、具体化しやすくするために、まずは、土木が主に関わっている「河川」「上下水道」「都市」「橋梁」「鉄道」「道路」「空港・港湾」の7つのチームを編成することとしました。

参加メンバーとして、関西支部で普段から活動をしてもらっている「ぶら土木」「シビルアカデミー」に所属する若手・中堅土木技術者の幹事や委員の方々（総勢 71 名）に協力していただけることになり、10 月 12 日に近畿地方整備局の大会議室に集結、上述の7つのワーキング（WG）メンバーと今後の方針や進め方を決め、12 月 14 日の京都大学で開催される中間報告発表会に向けての取組みが始まりました。

各WGでの活動は、コロナ禍や通常業務が忙しいこともあり、メンバーがたびたび集まって打合せをすることは難しい状況でしたが、web での打合せや WG 内でのメールを多用し、参加者メンバー全員が精力的に『30 年後の関西』を想像しながら取り組んだことにより、約２ヵ月間で、84 ページにも及ぶ未来予想図（本編参照）を仕上げることができました。

12 月 14 日の中間報告発表会では、京都大学の木村亮先生、藤井聡先生、高橋良和先生をはじめ、（一社）建設コンサルタンツ協会の吉津洋一様、寺尾敏男様、関西支部の大石耕造副支部長、勝見武幹事長に、各 WG の発表を聞いていただき、今後のとりまとめ方についてのご助言と激励のお言葉をいただきました。その発表会の場で、「7つに分けたことで、非常に細かいところまでよく考えられてはいるが、重なるところも多いので他の分野も合わせてまとめてみてはどうか」、「関西支部として、一つのビジョンを示してはどうか」との助言が多かったことから、最終成果に向けたとりまとめは年明けの1月を各自で今後の方針を考える期間とし、2 月からWG 活動を再開することとしました。

そして、2月 3 日の WG リーダー会議で、7つの WG でそれぞれ考えていた内容が、「ハード（インフラ整備）」と「ソフト（生活密着）」の大きく2つにまとめられるのではとの意見が多く出たことから、各 WG から選抜した代表メンバーで構成した「ハード」と「ソフト」のチームを再編成（各15名）、最終成果に向けた取組みを開始しました。さらに、WG メンバーも代表メンバーに押し付けるのではなく、進捗に応じて、それぞれの WG 内の web 会議等で意見交換を続け、最後までこの取組みを 71 名でやりとげました。

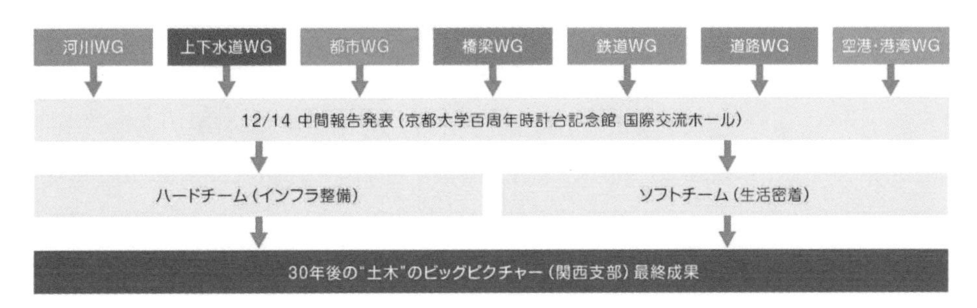

私も含めて今回参加したメンバーは、普段から、土木技術者として、さまざまな創造力を働らかせながら仕事をこなしていたと思いますが、それは組織の中で与えられた仕事の範囲内であり、「30 年後の土木のビッグピクチャー」のような大きな命題を考えることには誰も慣れてはおらず、全員が最初は困惑していました。

しかし、関西の未来を考える今回のプロジェクトは、メンバー全員が初心に返り、今後の仕事への考え方や今の仕事を選んだ理由、土木を見直すよいきっかけになったのではないでしょうか。

さらに、土木に携わっているさまざまな分野の方たちと半年もの間、頻繁に交流しながら、同じ目標に向かって取り組んだ WG 活動は貴重な経験であったのと同時に、この活動で得た人脈は土木技術者として今後の大きな財産になっていくと感じました。

今回のプロジェクトは各自の自主性・責任感に委ねることが多く、普段の業務で忙しい中、さらに働き方改革で、各自、時間のつくり方が難しいところもあり、メンバーの負担がかなり大きかったと思います。

そこで、今回の成果を今後無駄にしないためにも、定期的に、「30 年後の土木の未来」について若手・中堅土木技術者が継続して考える機会や、近畿地方整備局、二府五県などの行政との意見交換の場を提供し、少しでも具体化できるようなしくみづくりを関西支部としてつくる方向で動いております。

最後に、中間報告発表会でご助言をいただきました皆様にはあらためて心より感謝申し上げますとともに、今回のプロジェクトにご協力いただいた 71 名の土木技術者の方たちのより一層のご活躍を祈念いたします。

コロナ後の”土木”のビッグピクチャー特別委員会　関西支部 WG
代表　宝田善和（鹿島建設㈱）

30年後の"土木"のビッグピクチャー概要版「ハード編」

関西のまち・とき・ひとを支え続けるインフラのありかた

持続可能な社会基盤の実現

新たな技術を活用して現在のインフラを持続しつつ、土木のちからでより災害に強い、新しく、魅力的な社会の実現へ

〜 多くの人が活用できる快適な住みやすい関西へ 〜

30年後の"土木"のビッグピクチャー概要版「ソフト編」

住みたい「まち」をつくっていく、SHINKAし続ける「まち」のありかた

多様性のある社会の実現

地方と都市の2極化をさけ、今あるまちの発展とともに
それぞれの特色が輝く、住みたい「まち」を実現するスモールシティ

背景	・多様性が求められる現代社会 ・属するまちに自分が合わせるしかない現状 ・都市部への転出による地方の衰退 ・働く場所に縛られない生き方の加速
概要	・今あるまちの発展とともに、新たな価値の追求により社会の多様化に対応する ・特色を生かすため、民間主導でまちを作り、運営・維持管理も民間・市民が担う ・全国の多彩なまちから、自分の特性にあったまちを選び、育てることができる
共通する仕組み	・太陽光発電や小水力発電等による自立したエネルギー創成システムの構築 ・特色ある活動で貯めるまちポイント利用の充実（「お得・安い・もったいない」の関西色を活かす） ・各まちは鉄道、道路や空飛ぶクルマエアポートでつながる ・それぞれの特色を活かした産業、観光の資源化

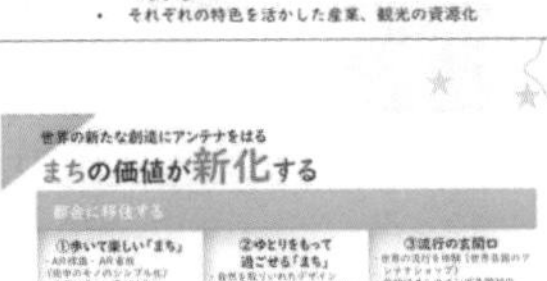

参加者名簿（7つのWG、総勢71名）

WG	所属	氏名	所属	氏名	所属	氏名
河川WG	大阪府	石川 貴士	株式会社淺沼組	後藤 亮太	国土交通省 近畿地方整備局	三品 聡也
	神戸高専	宇野 宏司	関西電力	武川 修平	大成建設	宮木 伸
	和歌山県	戎 忠則	NIPPON STEEL	田中 隆太		
	株式会社修成建設コンサルタント	香川 喬之	日本工営株式会社	松尾 隆太朗		
上下水道WG	前田建設工業株式会社	相原 啓仁	KEIHAN 京阪電気鉄道（株）	下川 修平	株式会社ピーエス三菱	山村 智
	NIPPON STEEL 日本製鉄（株）	加藤 篤史	大阪ガス	新村 知也	明石工業高等専門学校	渡部 守義
	鹿島	北原 秀樹	京都府	野上 翔平		
	大林組	坂平 佳久	大阪市建設局	藤田 庸介		
都市WG	KOBE	浅野 幸継	Hitz 日立造船株式会社	高見 智幸	清水建設	星野 壮一
	明石工業高等専門学校	生田 麻実	Pacific Consultants	田中 滋士	鴻池組	三宅 真司
	KANSOテクノス	交久瀬 磨衣子	熊谷組	西村 正生	兵庫県	吉岡 佑太
	JFEスチール株式会社	髙田 雄大	UR都市機構	林 弘明		
橋梁WG	三井住友建設	荒木 正幸	中央復建コンサルタンツ株式会社	小野 拓海	エム・エムブリッジ株式会社	冨永 周佑
	株式会社横河ブリッジ	池田 裕哉	株式会社富士ピー・エス	熊屋 厚希	本四高速	中村 奨哉
	佐藤工業株式会社	乾 浩之	YACHIYO Engineering	白川 祐太		
	株式会社オリエンタルコンサルタンツ	岩佐 潔則	滋賀県	竹内 信		
鉄道WG	大阪市高速電気軌道株式会社	石浦 やよい	EJEC 株式会社エイト日本技術開発	難波 雄二	阪急設計コンサルタント株式会社	吉岡 晃希
	近畿日本鉄道	楠山 達弥	JR西日本旅客鉄道株式会社	藤岡 慶祐		
	中央復建コンサルタンツ株式会社	塩谷 歩未	OBAYASHI	松尾 孝之		
	奥村組	豊田 大	OBAYASHI	薮 大輔		
道路WG	鴻池組	生駒 顕彦	株式会社駒井ハルテック	桜井 宏之	高田機工株式会社	千々和 竜也
	日本ミクニヤ株式会社	掛 園恵	鹿島	宝田 善和	協和設計	鶴原 翼
	熊谷組	國領 優	大阪府	橘 愛乃	NEXCO 西日本高速道路	西山 曜平
	奈良県県土利用政策室	小池 篤広	阪神高速	玉田 和也	CTI 建設技術研究所	米元 佑介
空港・港湾WG	大阪大学	荒木 進歩	阪神電車	南部 泰範	KANSAI AIRPORTS	涌本 真由
	KANSAI AIRPORTS	江川 祐輔	いであ株式会社	二瓶 広計		
	明石工業高等専門学校	武田 字浦	KOBELCO	三木 達也		
	株式会社日本ピーエス	田中 雄介	NEWJEC	山本 龍		

活動履歴（全体会議・代表者会議10回、WG内打合せ32回）

	9月	10月	11月	12月	1月	2月	3月	4月
	9/30 WEB	10/12 近畿地整会議室	11/18 関西支部会議室	12/14 京都大学		2/3 WEB / 2/21 WEB / 2/24 WEB	3/17 関西支部会議室 / 3/22 関西支部会議室	4/8 関西支部会議室 / 4/12 関西支部会議室
全体会議・代表者会議	全体会議（顔合わせ・主旨説明）	全体会議（WG分け・方針決定）	WGリーダー会議（中間報告会に向けた）	中間発表報告会		WGリーダー会議（最終成果に向けた） / 第1回ソフト代表者会議 / 第1回ハード代表者会議	第2回ソフト代表者会議 / 第2回ハード代表者会議	第3回ハード代表者会議 / 第3回ソフト代表者会議 / 代表者メンバーによる最終仕上げ
河川WG		10/19 web会議 11/15 web会議	12/2 web会議					3/29 web会議
上下水道WG		11/2 対面・web会議	11/22 対面会議 12/6 対面会議					
都市WG		10/26 web会議 11/4 web会議	12/1 対面会議				3/10 対面会議	3/30 web会議
橋梁WG		11/4 対面会議	11/30 対面会議					3/31 web会議
鉄道WG		10/27 対面会議	12/1 web会議			2/7 web会議	3/7 web会議	
道路WG		10/19 web会議 11/4 対面会議	11/24 対面会議 12/13 web会議			2/8 web会議 2/10 web会議		3/29 web会議 4/5 web会議
空港・港湾WG		11/8 施設・現場見学 対面会議	11/24 対面会議 12/1 対面会議			2/9 web会議		3/30 web会議

中国支部

はじめに　主査コメント

「コロナ後の”土木”のビックピクチャー」のプロジェクトについて、中国支部での取りまとめ役（支部 WG 主査）を担当することになった際に、中国支部の描く土木のビックピクチャーには、どのような特色が盛り込めるのかと思い、中国地方の地図をあらためて眺めてみた。中国地方は中国山地により山陽地方と山陰地方に分かれており、それぞれの地方では気候や自然環境が大きく異なっている。人口や産業も異なっている。山陽地方では早くから高速道路や新幹線が整備されたのに対し、山陰地方では未だに高速道路のミッシング・リンクが多数存在しているのが現状である。新幹線にいたっては影もかたちもない。そのため、中国地方の土木のビックピクチャーでは、あたかも山陽と山陰で別々に作ったようなものになってしまうのではないかとひどく心配になった。しかし、山陽と山陰を分ける中国山地は、中国地方 5 県にまたがって存在しており、5県すべてが共有していることに気づいた。さらに、瀬戸内海と日本海という違いはあるものの、中国地方 5 県はいずれも海に面しており、かつては北前船の寄港地であったという共通点もある。そこで、中国山地と沿岸部（瀬戸内海と日本海）という枠組みで議論すれば、中国地方全体で一体感のある一つの土木のビックピクチャーを描くことができるように思われた。実際、この報告書に掲載した中国地方の土木ビックピクチャー総括図を作成する際には、中国山地に関する事項と沿岸部に関する事項を整理の軸にすることでまとめることができた。

中国支部内で設立した土木ビックピクチャー検討委員会での議論を深めて行く中で、土木ビックピクチャーは優れた教材でもあることに気づいた。学生たちは土木ビックピクチャーを考えることで、地域の課題を理解しその解決策を探究するという過程を学び、体験することができる。今後、土木のビックピクチャーは、土木技術者教育の中で活用されていくべきであろう。さらには、土木技術者として、社会に対して責任ある土木のビッグピクチャーを描ける人材として学生を育てていく必要があろう。大学や工業高等専門学校、大学院で学んだ学生が卒業し、土木技術者として社会で活躍する期間はおおよそ 40 年から 45 年にすぎない。土木のビッグピクチャーとして描く未来が 50 年後や100年後であるとすると、技術者として活躍できる期間は短く、自分たちが描いた姿を自らの手で実現することは稀かもしれない。このことから、土木のビッグピクチャーは世代から世代に受け継がれるような魅力ある中国地方の土木のビッグピクチャーが次から次へと描かれることを期待したい。

中国支部ビッグピクチャーの成果概要

1)支部の活動の取組み概要

〇土木学会中国支部創立80周年記念行事

令和 3 年 11 月 9 日に広島国際会議場を主会場としてオンラインとのハイブリッド開催により、「持続可能な開発目標(SDGs)と地方のインフラ」をメインテーマとして中国支部設立 80 周年記念行事を実施した。この行事の中で、土木ビックピクチャーに関連したパネルディスカッションを実施した。

(土木学会 tv アーカイブ公開 https://youtu.be/5Hlepse8drI)

テーマ: 「協調社会の新しい価値とインフラ」

パネリスト:

東広島市長高垣広徳氏

作家/エッセイスト 茶木環氏

持続可能な地域社会総合研究所長 藤山浩氏

国際開発機構 大窪香織氏

土木学会第109代会長 谷口博昭氏

コーディネーター:広島大学教授 藤原章正氏

〇学生による BP ワークショップ

令和3年10月19日(火)に鳥取大学において、土木工学を学ぶ学生による「山陰地方の土木ビックピクチャーを描く学生ワークショップ」を開催した。この行事は、土木学会中国支部に属する大学・高専に対象を広げたワークショップをオンラインで開催するためのテストケースとして実施した。

○第74回土木学会中国支部研究発表会

令和4年5月20日(金)、21日(土)に松江工業高等専門学校を拠点としてオンラインで開催された。この中で、土木のビックピクチャーに関連した基調講演と学生交流会を実施した。学生交流会では、土木学会中国支部幹事会に幹事を派遣している大学・高専8校から1チームずつが参加し、それぞれ事前に作成した中国地方の土木ビックピクチャーを発表した。学生の発表に対して、支部有識者として3名のコメンテーターを招待し、講評を受けた。

基調講演

講師:大津宏康氏(松江工業高等専門学校・校長)

講演題目:「中国地方のビッグ・ピクチャー -社会基盤の“今”を俯瞰し、“未来”を描く-」

土木ビックピクチャー学生交流会

参加校: 松江工業高等専門学校、山口大学、徳山工業高等専門学校、広島工業大学、呉工業高等専門学校、広島大学、岡山大学、鳥取大学

コメンテーター:

松江工業高等専門学校長 大津宏康氏

国土交通省中国地方整備局企画部長 西澤賢太郎氏

土木学会中国支部長 水島賢明氏

○土木ビックピクチャー検討委員会

土木学会中国支部内に土木ビックピクチャー検討委員会を設置し、中国地方の土木ビックピクチャーを作成した。土木ビックピクチャーの作成は、次の手順で実施した。まず、中国地方５県それぞれに担当委員を決め、各県の土木ビックピクチャーを作成した。次に、中国地方５県のビックピクチャーを統合し、中国地方全体の土木ビックピクチャーを作成した。ビックピクチャーの作成に併せて、土木ビックピクチャーの検討に有益なインターネット上の情報へのリンクを集めたポータルサイトの作成を行った。

https://committees.jsce.or.jp/chugoku/node/170

２）地域の将来像、絵姿

ポストコロナの時代には、人口が集中した都市を中心とした社会から、適度な人口を保った地域を中心とした社会への転換が求められている。このような状況の中で、土木学会中国支部が作成した中国地方の土木ビックピクチャーは、ポストコロナの社会を実現した姿としてみることができる。中国地方5県が共有する中国山地には、適正な人口規模を持った小規模な集落が点在し、それぞれが自動運転やMaaS等の先進的な交通システムによって結ばれている。また、交通システムは自動化農業にも対応したものとなっている。瀬戸内海、日本海沿岸部の港湾施設は機能が大幅に強化され、物流に大きな役割を担うだけでなく、観光客の受け入れも可能となり、中国地方の魅力ある自然環境を世界中の人々が容易に体験できるようになっている。また、中国地方は、過去に経験した自然災害による教訓を後世に伝承することができており、自然災害に対してレジリエントな地域社会が構築されている。

3）それを支える土木、インフラ（絵姿を描くために必要な具体的インフラ）

中国地方では高速道路のミッシング・リンクの解消が急務である。これは中国地方内の移動を活性化するためだけでなく、中国地方の至る場所から日本国内各地への移動時間を短縮化するものでなければならない。道路以外も含めて、中国地方の持続可能な発展のためには、高度な通信技術、自動運転技術、MaaS といった最新の交通システムを他地方に先駆けて導入することが強く望まれる。さらに、港湾設備の機能強化を行い、かつての北前船を彷彿させるような海上交通網の充実も期待される。

4）今後の検討課題

今回の中国地方の土木ビックピクチャーの作成にあたっては、現在中国地方内の各県で構想されている計画をベースとした。いずれも各地の有する課題と将来への展望を踏まえた現実的なものとなった。しかし、ビックピクチャーとしては挑戦点な内容が不足し、やや魅力を欠いている面も否めない。今後、広い世代の土木技術者、研究者を巻き込んで，より広く土木ビックピクチャーを議論することで，これまでに誰も考えたことがなく，確実に社会のありかたを変えるような斬新なインフラ像を盛り込んだ中国地方の土木ビックピクチャーを熟成させていく必要がある。また，専門家として土木に関わるものだけでなく，一般市民との議論を重ねる機会を継続的に設ける必要がある。

参加者名簿・ミーティング等の開催履歴

1） 令和3年度土木学会中国支部土木ビックピクチャー特別委員会委員名簿

役職名	氏　名	所属及び職名
委員長	小野 祐輔	鳥取大学工学部教授
委　員	梶川 勇樹	鳥取大学工学部准教授
委　員	木本 和志	岡山大学学術研究院環境生命科学学域准教授
委　員	内田 龍彦	広島大学大学院先進理工系科学研究科准教授
委　員	山本 浩一	山口大学大学院創成科学研究科准教授
委　員	大東 延幸	広島工業大学工学部環境土木工学科准教授
委　員	河村 進一	呉工業高等専門学校環境都市工学分野教授
委　員	海田 辰将	徳山工業高等専門学校土木建築工学科教授
委　員	武邊 勝道	松江工業高等専門学校環境・建設工学科教授
委　員	柴山 慶行	国土交通省中国地方整備局企画部企画課長
委　員	門脇 陽治	国土交通省中国地方整備局港湾空港部海洋環境・技術課長
委　員	西川 貴則	広島県土木建築局道路企画課参事
委　員	森田 環	広島市道路交通局都市交通部公共交通計画担当課長
委　員	加藤 拓一郎	中国電力（株）電源事業本部マネージャー（再生可能エネルギー・土木総括）
委　員	渡邉 浩延	西日本高速道路（株）中国支社総務企画部企画調整課長
委　員	矢野 賢晃	本州四国連絡高速道路（株）しまなみ尾道管理センター計画課長
委　員	西川 泰徳	広島高速道路公社技術管理課長
委　員	横洲 修二	西日本旅客鉄道（株）広島支社施設担当課長
委　員	田村 吉広	清水建設（株）広島支店営業部長
委　員	荒牧 洋二	（株）大林組広島支店営業第二部課長
委　員	小川 琢治	鹿島建設（株）中国支店土木部プロジェクト推進Gr長
委　員	久保田 博章	中電技術コンサルタント（株）経営企画部長
委　員	川上 浩	（株）エイト日本技術開発中国支社副支社長
事務局	増村 浩子	公益社団法人土木学会中国支部事務局長

2）土木ビックピクチャー検討委員会開催記録

第１回委員会（2022.1.20）

・ZOOM によるオンライン開催

・活動内容と成果物の議論

第２回委員会（2022.3.10）

・ZOOM によるオンライン開催

・各県の BP と支部研究発表会での BP 学生交流会の企画を討議

その他，適宜メール審議を実施した。

四国支部

はじめに　主査コメント

四国支部は土木学会国内８支部の中で最もコンパクトな支部である。四国支部を構成する 4 つの県は、そのすべてが山間部から海岸線に至る多様な地形を有しており、太平洋側と瀬戸内側で大きく異なる気候の中、それぞれが特徴のある文化をはぐくんできた。土木分野に目を向ければ、本州と四国を結ぶ 3 ルートの本州四国連絡橋というシンボリックな土木構造物が存在し、これは世界トップクラスの土木プロジェクトの賜物といえる。世界ランキングに数えられる長大橋の数々は地域の生活を大きく変え、いずれも供用開始から 20 年以上を経て日常に溶け込んでいる。一方で、四国は土木学会国内８支部の中で唯一新幹線が未達の地であり、さらにコロナ禍に伴う公共交通利用者の減少に伴って鉄道在来線やバス路線の維持も大きな課題となりつつあるほか、高速道路のミッシングリンクも解消されていないなど、交通インフラの脆弱性は否めない。これらはいずれも土木プロジェクトで解決可能あるいは解決すべき課題であり、土木分野において四国はフロンティアであると捉えることも可能である。

四国支部では研究者や技術者を中心として委員会を立ち上げ、今後の四国をけん引することが望まれる土木系の大学生や高専生を主な対象としたワークショップを実施し、四国の将来について議論してもらった。したがって、土木プロジェクトの計画・整備に係る根拠に関する議論よりも、こうありたい、ここを良くしたい、といった将来に向けての願望に関する議論が数多く展開されたように思われる。現状の問題点についても忌憚のない意見、まさに四国の生の声が多く集まったが、この声が諦めに変わる前に我々土木分野の技術者研究者が一歩ずつ前進させていかねばならないと強く感じた。30 年後、あるいは 50 年後において、ここで議論されたプロジェクトにより構築された土木構造物が、本州四国連絡橋のように日常生活に溶け込んでいることをぜひ期待したい。

コロナ禍でのワークショップではあったものの、各自治体や所属機関が発出する指針等に従っていずれも対面形式での開催が実現した。日々変化する情勢をにらみながら、日常業務に加えてワークショップの運営をしていただいた各委員には多大なご苦労をおかけすることになった。各委員、そして各ワークショップに参加していただいたすべての方々に、この場を借りて御礼申し上げる。

四国支部ビッグピクチャーの成果概要

支部の活動の取組み概要

四国支部では土木学会四国支部ビッグピクチャー策定委員会を立ち上げて活動を展開した。委員会メンバーは大学や高専の研究者、高速道路や鉄道といった交通インフラに携わる技術者である。各委員が中心となって大学や高専などの若年層、場合によっては異分野に携わる社会人も交えたグループをつくり、ワークショップを実施した。ワークショップで得られた意見を委員会で持ち寄り、四国の将来を思い描きながら四国のビッグピクチャーをとりまとめた。

地域の将来像、絵姿

ワークショップの成果に基づいて現在の四国の問題点や課題を抽出してみると、いずれの県でも、①鉄道やバスなどの公共交通の利便性が低い、②人口減少・過疎化が顕著、③高速道路ネットワーク（四国四県を結ぶ四国 8 の字ネットワーク）が未完成、④自然災害への備えと復興、といった項目が挙げられた。①～③は四国で暮らしているとさまざまな場面で遭遇する問題であり、とりわけ自動車を持たない若年層にとって①は大きな関心事といえる。これらはネガティブな事象であるものの、翻せば四国が 30 年、50 年後に解決すべき最大の課題ともいえる。また、四国は近い将来に南海トラフ地震を受ける可能性が指摘されており、防災に対する意識の高い地域である。30 年、50 年後には既に南海トラフ地震は発生後である可能性もあり、その他の気象をトリガーとするさまざまな自然災害被害も含めて、今後生じ得る被害をいかに最小化し、いかに速やかに復興するのかが、共通課題として認識されていることがわかる。

一方で、四国の特徴や良さを活かした将来のありかたに関する意見も多く寄せられた。例えば、コロナ禍を契機として遠隔会議システム等のICTが急速に普及し、職住近接を必要としない生活スタイルも実現しつつある。生活スタイルの多様性を継続的に維持することで、“住”の部分のみを四国に据えるような生活スタイルが一般的になれば、先に挙げた②を解決する糸口になるのではないかとの意見が挙げられた。また、四国は 4 県がそれぞれ独自かつ貴重な文化や自然といった資産を有しており、各地で催される祭事や四国全体を包括するような遍路文化、さらに山海の自然美や地域風土に根付いた多様な食文化などは、我が国のみならず世界で名の通るものもある。これらの資産を守り観光等に活かす、といった意見も複数挙げられた。

以上の意見を踏まえ、「幹線鉄道網や高速道路網といった交通インフラの整備を前提としてヒト・モノ・コトがつながり、既存の魅力ある文化や自然を継承・活用しながら豊かな生活が享受でき、さらに自然災害に対してしなやかに対処・復興しながら地域に見合った発展を遂げた四国」を将来像として提案したい。

それを支える土木、インフラ

四国の将来像を実現するには幹線鉄道網や高速道路網によってヒト・モノ・コトをつなぐことが大前提であり、交通インフラの整備が核となる。委員会に寄せられた交通インフラ整備に関するプロジェクト案について、30年後あるいは50年後といった時間軸を想定しながら整理を行うと以下のとおりである。

【30年後】

a. 四国新幹線の整備完了

b. 高速道路の四国8の字ネットワークの完成

c. 海上交通ネットワークの改善

d. 拠点都市を中心としたフィーダー交通の充実化

【50年後】

e. 九州や関西と結ぶ新たな幹線鉄道の整備

f. 九州や中国と結ぶ新たな高速道路の整備

g. 四国中央国際空港の整備

h. 地下・空中利用の高度化

四国新幹線と高速道路網は都市間交通の基盤であり、いずれも30年後までに四国内の基幹ネットワークの整備が完了し、その後さらに関西や九州等へ延伸されることを想定する。また、空路や海路についても運行形態の見直し等を行い、四国内のハブとなる四国中央空港やユニットロードターミナル等を整備することで旅客・貨物輸送の迅速化や効率化を想定する。このような基幹となる交通網整備と並行して、移動の利便性を高めるためにはフィーダー交通の充実化を図る必要がある。既存のバスや市街鉄道のみならず、新たな交通システムとして軌道と道路の双方を走行可能なDMV(デュアル・モード・ビークル)や空飛ぶ車UAM(アーバン・エア・モビリティ)等を積極的に活用していくことが望まれる。これらの新交通システムは初期費用を抑えることが可能であり、また未利用地や空間を活用することにもつながるため、四国における導入のメリットは多い。いずれの交通インフラも地域にとって過剰な部分は削りながらも"存続させること"が極めて重要であり、基幹と支線の調和がとれた新たな交通ネットワークを構築する先駆け地域となることを期待する。

上記のような交通インフラの整備と平行して、地域の特色づくりや災害からの克服に関連して、以下のようなプロジェクトも提案されている。

i. 文化や自然を活かした観光拠点づくり

j. 自然エネルギーや災害級自然外力の新たな利用法

k. 新たな産業の創設

四国における文化や自然は資産であり、大いに活用が期待されるものの、活用の拠点となる施設や枠組み等が乏しい状況にある。このような拠点施設は人を呼び込んで地域を活性化するだけでなく、災害時の支援拠点としての利用も想定できる。しかし、点在していても整備効果は限定的であるため、交通ネットワークに接続した上で、ツーリズムへの組み込みや指定緊急避難場所等の非常時体制への組み込みを推進することが必要である。また、洋上風力や太陽光といった既存の自然エネルギーの利用法をさらに推進するといった案以外にも、地震や津波、豪雨等の災害級自然外力をエネルギーとして利用するための施設整備といった案も挙げられた。今後の技術進展次第ではあるが、もし実現が可能となれば、自然災害に対してしなやかに対処・復興しながら発展を遂げる四国の象徴にもなり得る。さらに長期的な将来を見据えると、例えば比較的自然災害を受けにくい瀬戸内地域に着目した商業的な宇宙事業の基地整備案など、新たな産業の創設につながる施設の誘致も望まれる。

今後の検討課題

今回のとりまとめでは、各種インフラ等の計画・整備に係る根拠や枠組みの部分に関する議論は煮詰まっておらず、これらに関する具体案を提示するには至っていない。しかしながら、委員を中心として四国各地でこのような議論を実施する素地が形成されたことから、今後も議論が継続され、さらには我が国全体を巻き込むことで、新たな枠組みや考え方が構築されることを期待している。

開催記録

メンバー（土木学会四国支部ビッグピクチャー策定委員会）

委員長	荒木 裕行（香川大学 准教授）
副委員長	水本 規代（(株)sorani 代表取締役）
幹事長	岡﨑 慎一郎（香川大学 准教授）
委員	小野 耕平（愛媛大学 講師）
委員	角野 拓真（阿南工業高等専門学校 講師）
委員	近藤 拓也（高知工業高等専門学校 准教授）
委員	佐藤 志帆（西日本高速道路(株)四国支社）
委員	溝上 尚弥（西日本高速道路(株)四国支社）
委員	柳川 竜一（香川高等専門学校 准教授）
委員	渡辺 公次郎（徳島大学 准教授）
オブザーバー	宇野 匡和（四国旅客鉄道(株) 鉄道事業本部 工務部工事課担当課長）

主要な会議・行事

【委員会】

2021年8月27日　キックオフ会議

2021年12月21日　第1回委員会

2022年3月16日　第2回委員会

2022年4月28日　第3回委員会

【ワークショップ等】

2021年10月5日　香川高等専門学校　個人ワークとグループディスカッション

2021年10月20日　徳島大学　ワークショップ

2021年11月10日　徳島大学　ワークショップ

2021年11月19日　香川大学　ワークショップ

2022年3月3日　愛媛大学　ワークショップ

2022年3月上旬　高知工業高等専門学校　現状課題に関する
ブレインストーミング

2022年4月4日　高知工業高等専門学校　ワークショップ

西部支部

主査コメント

今回の取組みを通じて感じたこと

「ビッグピクチャー（以下BP）」の取組みを行うにあたり、どのように進めていくべきかの走り出しに非常に苦心した。西部支部では、BP の作成方針が「地域の将来像を示す」「プロセス重視」ということで、抽象的な状態で最終成果のイメージが持てない状態のまま、着手することになった。

BP の策定にあたっては、若手世代が中長期的な視点でのインフラ将来像を考えるという主旨に沿って、大学の学生や若手の企業経営者などからアイデアを募集することにした。募集した結果としては、若手から斬新で多様なアイデアが多く集まるという期待もあったが、実際には現実的な意見が多く、突飛なアイデアは限られていた。

意見の傾向として、地域間の連携強化や交通渋滞の解消など普段の生活レベルでの意見が大半を占める一方で、四国経由の国土軸形成への期待の高さや国防について関心があることが窺える俯瞰的な意見などもあった。今回の取組みにおいては、全体的に現状の課題や時代背景に裏付けられた現実的なものという印象が強かった。

地域の未来を考えることの意義

今回の取組みを通じては、地域の将来像を考えるうえで現状の強み・弱みを振り返るというプロセスを踏む良い経験になった。特に、九州・沖縄では「観光ポテンシャルの高さ」、「日本の食料供給地として確立しているサプライチェーン」、「満遍なく分布している 10 万都市」、「頻発している激甚災害」といった地域の特性を、アイデアを提案した若手世代も含め、関わった者が再認識するきっかけができた。また、インフラ整備関係者だけで考える将来像とは違う視点からの、新たな気付きを得ることができる機会にもなった。

今後の展開

今回は、少子高齢化社会が進む人口減少下において、地域の弱点を補い、強みをさらに充実させるための多重的な地域連携ネットワーク強化への期待は非常に高いものがある、といった若者目線でのニーズの掘り起こしができた。

持続可能な社会の実現のための土木の役割としては、経済性を最重要としたこれまでのインフラ整備から、ありたい姿（Well-being な状態）を目指したインフラ整備へ転換していく必要があるという考えで始まったBPのプロジェクトではあるが、今回で終わりとするのではなく、分野・世代・ジェンダーなどを問わず、幅広い視点から継続して議論を行っていくことで、これまでインフラ整備と関わりの薄かった分野のニーズにも応えられるようになり、新たな魅力が創出された、目指すべきインフラ整備の姿が見えてくると考える。

支部WG成果の概要

1. 支部の活動の取組み概要

西部支部では、土木学会西部支部事務局BP検討WGを立ち上げ、BPの目的でもある「これまでの価値観からの転換」のため、有識者や行政の固定観念にとらわれず、新鮮な意見を尊重すべく、まずは市民からの意見、特に将来を担っていく若者（学生や若手経営者）などにターゲットを絞って意見を募集し、そのアイデアを取りまとめた。

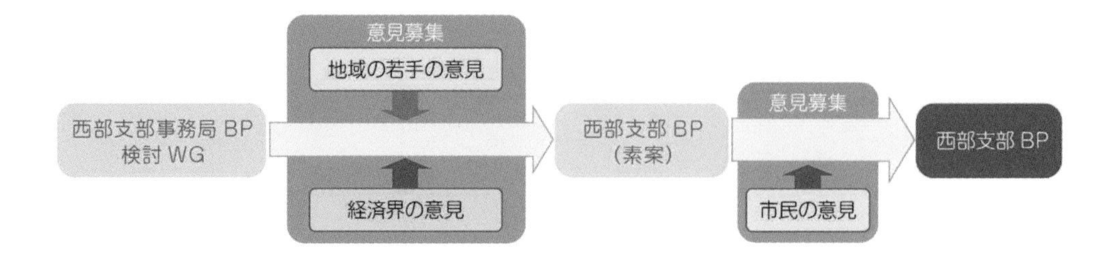

2. 地域の将来像、絵姿

意見募集の成果に基づき、九州・沖縄に住む人々が求める将来の姿を分類化し、下の地図に示した。その結果、地域（主要都市）間や他圏域との連携強化、交通混雑の解消など「現状の課題解決を求める将来像」や、カーボンニュートラル・新技術活用など「将来の技術発展に期待を寄せる将来像」、また、アジアのゲートウェイ機能強化など「九州・沖縄ならではの将来像」を求めていることが分かった。

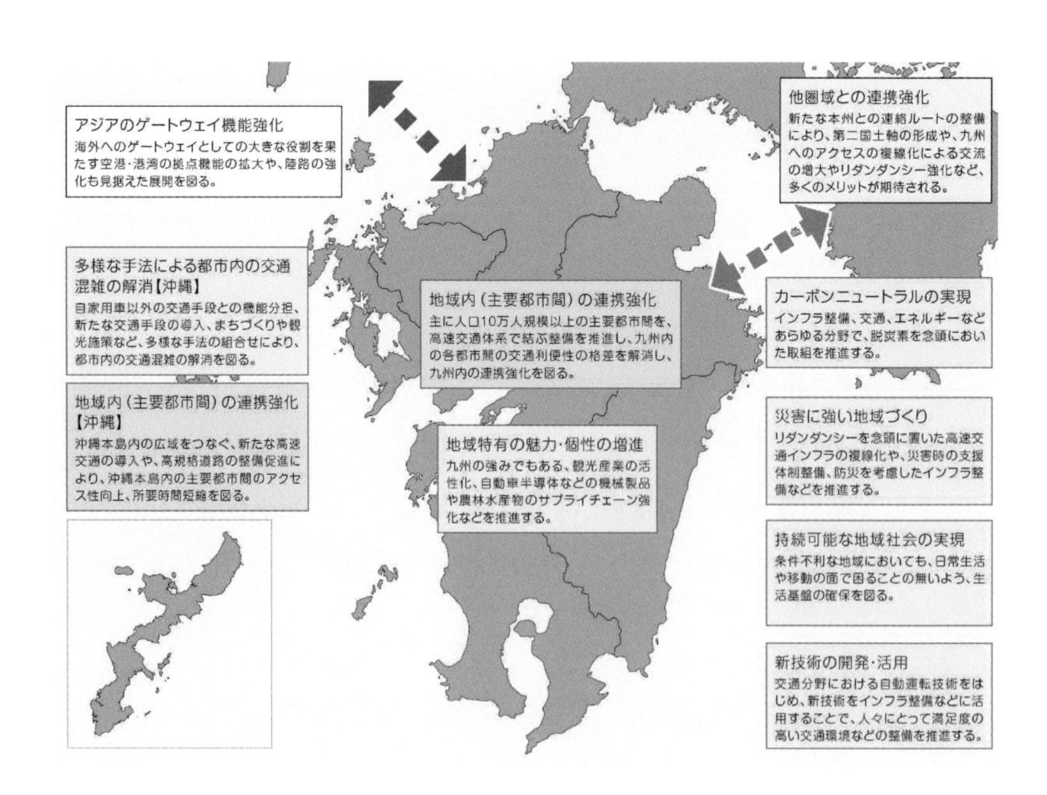

アジアのゲートウェイ機能強化
海外へのゲートウェイとしての大きな役割を果たす空港・港湾の拠点機能の拡大や、陸路の強化も見据えた展開を図る。
他圏域との連携強化
新たな本州との連絡ルートの整備により、第二国土軸の形成や、九州へのアクセスの複線化による交流の増大やリダンダンシー強化など、多くのメリットが期待される。
多様な手法による都市内の交通混雑の解消【沖縄】
自家用車以外の交通手段との機能分担、新たな交通手段の導入、まちづくりや観光施策など、多様な手法の組合せにより、都市内の交通混雑の解消を図る。
地域内（主要都市間）の連携強化
主に人口10万人規模以上の主要都市間を、高速交通体系で結ぶ整備を推進し、九州内の各都市間の交通利便性の格差を解消し、九州内の連携強化を図る。
カーボンニュートラルの実現
インフラ整備、交通、エネルギーなどあらゆる分野で、脱炭素を念頭においた取組を推進する。
地域内（主要都市間）の連携強化【沖縄】
沖縄本島内の広域をつなぐ、新たな高速交通の導入や、高規格道路の整備促進により、沖縄本島内の主要都市間のアクセス性向上、所要時間短縮を図る。
地域特有の魅力・個性の増進
九州の強みでもある、観光産業の活性化、自動車半導体などの機械製品や農林水産物のサプライチェーン強化などを推進する。
災害に強い地域づくり
リダンダンシーを念頭に置いた高速交通インフラの複線化や、災害時の支援体制整備、防災を考慮したインフラ整備などを推進する。
持続可能な地域社会の実現
条件不利な地域においても、日常生活や移動の面で困ることの無いよう、生活基盤の確保を図る。
新技術の開発・活用
交通分野における自動運転技術をはじめ、新技術をインフラ整備などに活用することで、人々にとって満足度の高い交通環境などの整備を推進する。

3. それを支える土木、インフラ

意見募集の成果を、「時間軸や構想の熟度」や「規模や影響の大きさ」で意見を分類したものを下に示す。日常生活で利用する機会が多い道路や鉄道についての意見が多く、身近な生活圏レベルのものから他圏域にまたがり広域にわたるものまで、さまざまな意見を確認することができた。

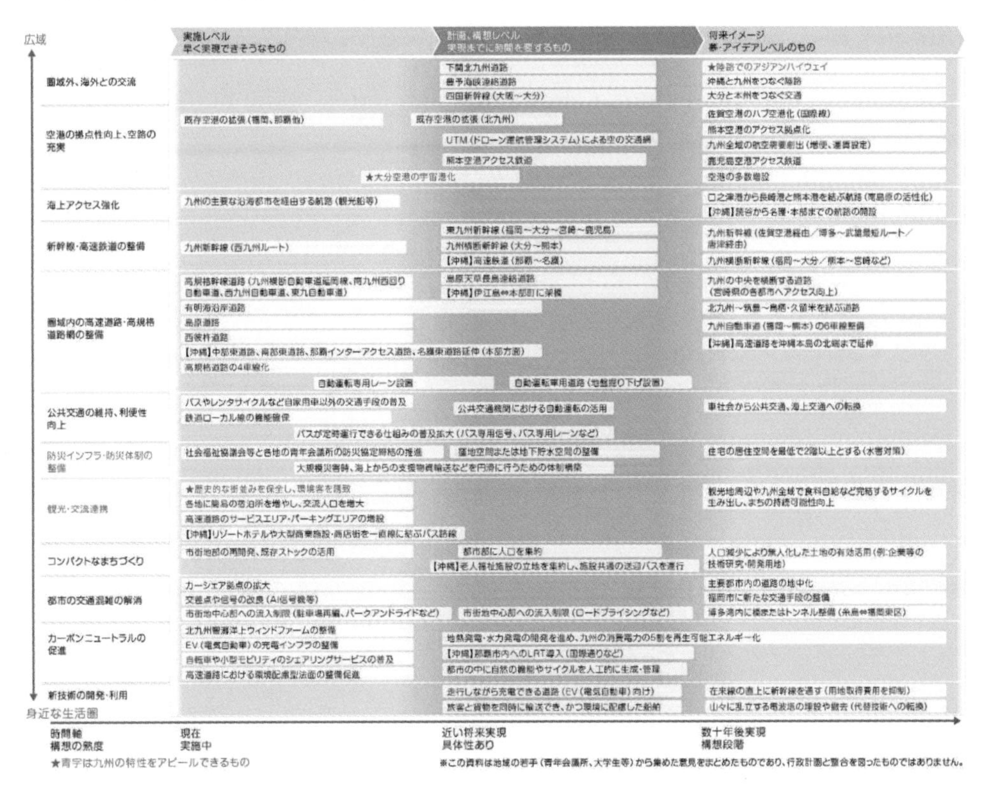

4. 今後の検討課題

今回の BP プロジェクトでは、九州・沖縄の地域の特性・歴史・文化などの強みを活かした「地域の将来像、絵姿」について、議論を深めることができた。一方で、これらアイデアを実行に移すうえでは、制度や体制などの環境の整備が不可欠となる。今後も、BP 実現に向けて新たなスキームでのプロジェクト展開やマネジメント方法の模索をするために継続的な議論が必要であり、分野や世代を超えて検討をしていくことも価値のあることだと考える。

参加者名簿・ミーティング等の開催履歴

参加者名簿

【西部支部 BP 検討 WG】　塚原　健一（九州大学　教授）

日高　保（福岡県）

日本工営株式会社　他

【意見募集にご協力頂いた皆様】　教育機関：九州大学、長崎大学、宮崎大学、琉球大学　他　地域の若手経営者：青年会議所　他

ミーティング等の開催履歴

8/20　第 1 回検討ワーキング

10/25　九州建設技術フォーラム会場アンケート

11/5　第 2 回検討ワーキング

11/15　第 3 回検討ワーキング

11/18　土木の日　パネル展示会場アンケート

11/24　第 4 回検討ワーキング

12/3　第 1 回九州経済調査協会ヒアリング

12/14　谷口会長意見交換会

12/14～　青年会議所ヒアリング

12/17～　九州各県学生意見徴収

1/20　第 2 回九州経済調査協会ヒアリング

2/28　第 5 回検討ワーキング

3/9　第 6 回検討ワーキング

4/8　第 7 回検討ワーキング

4/15　第 8 回検討ワーキング

4/26～　パブリックコメント実施（@西部支部 HP）

※上記以外にも、随時メール等にて意見を交わし、検討を進めてきた。
※BP 支部 WG：第 1 回から第 4 回まで web で参加

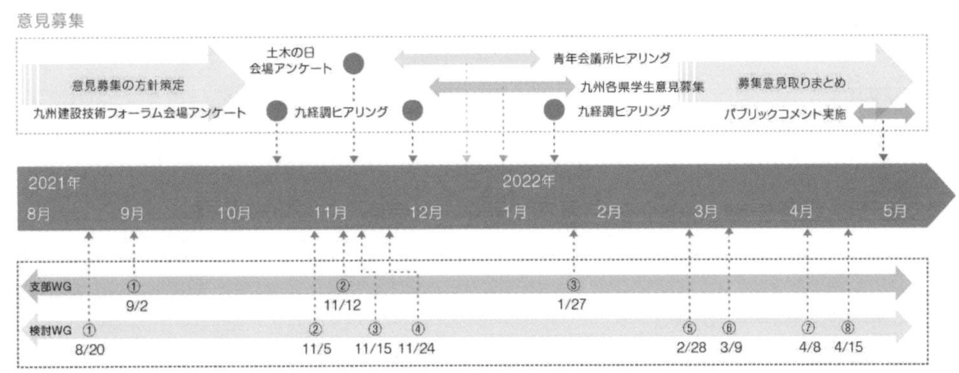

●高速道路

◎未事業化区間の事業化
◎二環状八放射
◎環状軸のネットワーク

- 最高速度引き上げ
- 暫定2車線の4車線化
- スマートIC
- 自動運転対応

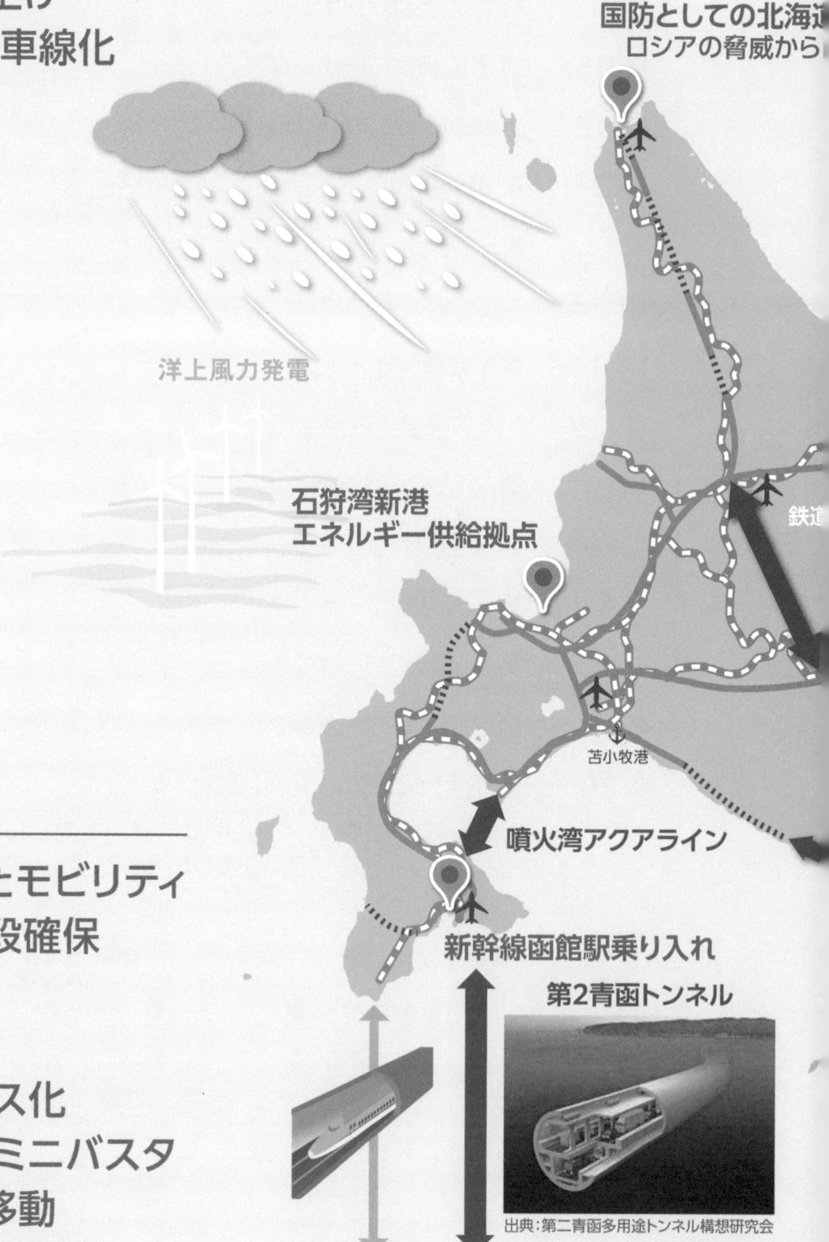

国防としての北海道
ロシアの脅威から

洋上風力発電

石狩湾新港
エネルギー供給拠点

鉄道

苫小牧港

噴火湾アクアライン

新幹線函館駅乗り入れ

第2青函トンネル

出典：第二青函多用途トンネル構想研究会

●公共交通

- 移動距離に応じたモビリティ
- 高齢者の移動手段確保
- 鉄道の維持
- 観光列車の導入
- MaaS・シームレス化
- ローカルバスタ・ミニバスタ
- 空港と拠点間の移動
- 新幹線整備（旭川延伸）

●物流（港湾整備・貨物新幹線）
●情報通信ネットワークの強化

● 医療体制・ワーケーション

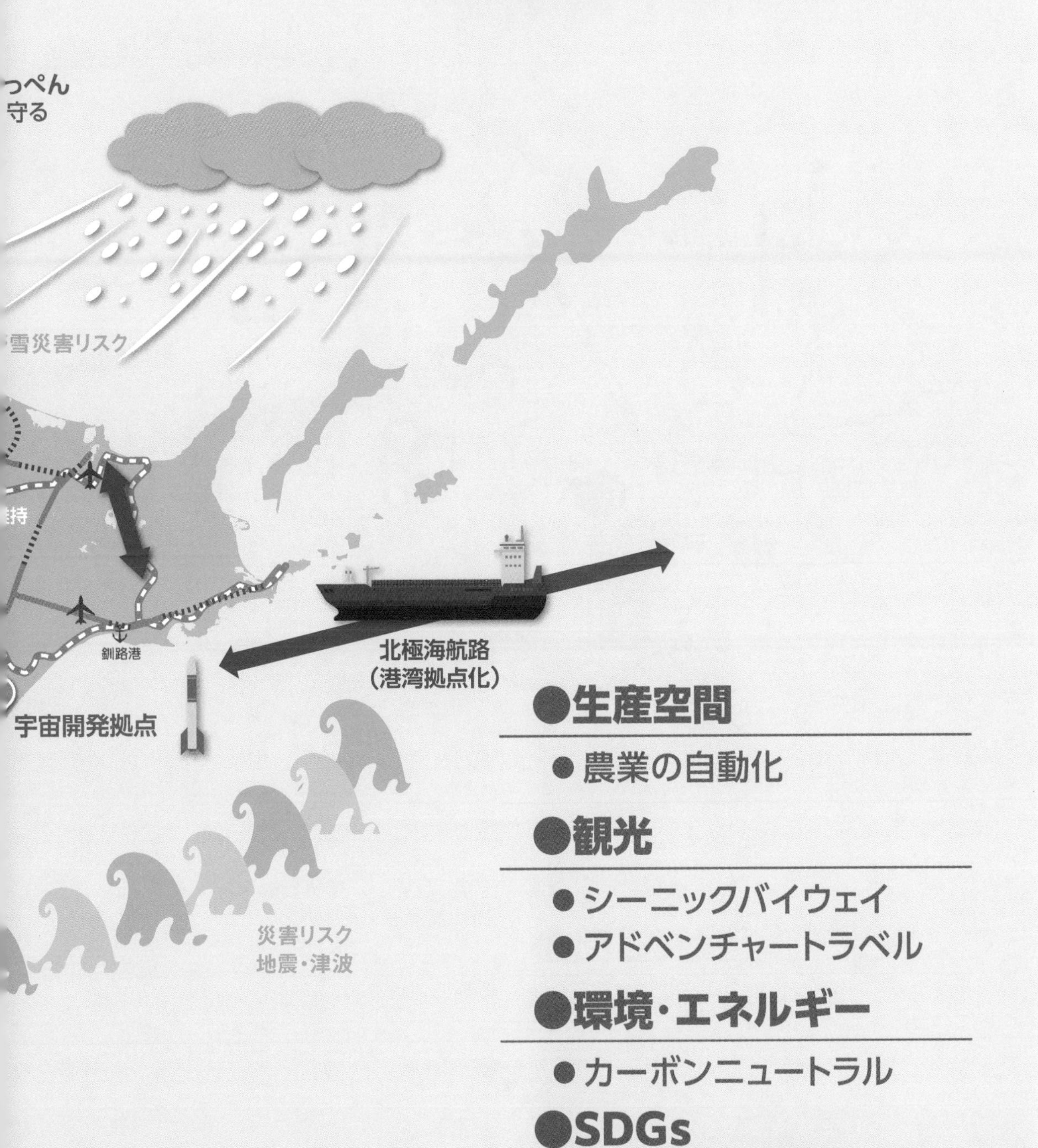

●生産空間

● 農業の自動化

●観光

● シーニックバイウェイ
● アドベンチャートラベル

●環境・エネルギー

● カーボンニュートラル

●SDGs
●新しい生活様式とインフラ
●新技術と法体制

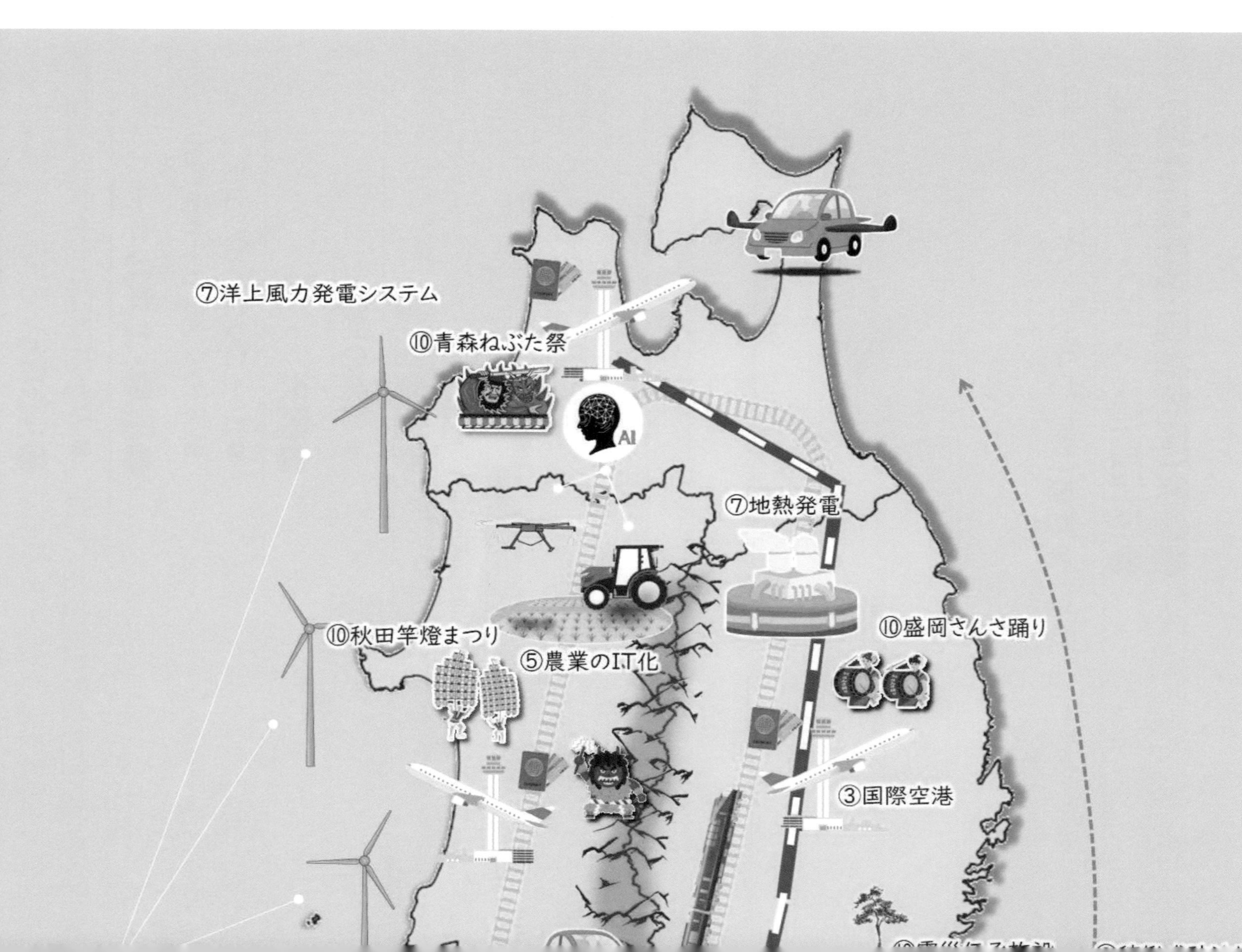
⑦洋上風力発電システム
⑩青森ねぶた祭
⑦地熱発電
⑩秋田竿燈まつり
⑤農業のIT化
⑩盛岡さんさ踊り
③国際空港

AI
⑦太陽光発電
②空飛ぶ車
⑩山形花笠
まつり
⑩仙台七夕まつり
⑥観光列車
④リニア
新幹線
⑧仙台深水港
①ドローン輸送
AI
⑩福島わらじまつり

関東支部　ビッグピクチャー

将来絵姿コンセプト
「防災・環境問題」「新分野との融合」
「既存インフラの活用」「人流・地域活性化」
の観点から関東地方のあるべき姿を描く

①	防災・環境問題	温暖化対策（グリーンインフラ）、再生可能エネルギー 脱炭素社会 お寺や神社の敷地を利用した防災・減災対策 地震対策（首都直下型地震対策） 水害・浸水対策（スーパー堤防、雨水幹線） 海面上昇・高潮対策（防潮堤） 津波の全自動防波堤、防災シェルター 防災・防衛・環境対応型都市（ドーム、地下都市） 台風制御システム
②	新分野との融合	エネルギーの地産地消（洋上風力、メガソーラー） 新エネルギー施設、再エネルギー施設、バイオマス、小水力発電 電力伝送システム 交通の多重化、次世代型交通システム（空間道路） エアモビリティ（空の交通）、自動運転・AI搭載車両 新交通システム（リニア推進） ロボット技術とインフラの融合 AI技術を活用したインフラ整備 宇宙開発, 宇宙事業関連インフラ
③	既存インフラの活用	羽田空港拡張、首都高更新 廃線を利用した公園整備 オリンピック施設の有効活用 地下空間の活用（共同溝、地下鉄、地下道）
④	人流・地域活性化	東京湾 人工浮島、メガフロート 浮体式橋梁, 東京湾上の専用道路 東京外かく環状道路 アクアトンネル、大深度トンネル、地下道路建設 屋根付き自転車専用道路 新交通システムの構築、ワイナリー×自動運転 スマートシティ 新住居エリア（東京湾海底都市、地域持続性まちづくり） 雨にぬれないまち（地下都市） 高齢者に優しい街, シェアリングエコノミーな街 世界から人々が集まる街 観光インフラ（移動を楽しむ道路、地域資源活用） 歴史・文化遺産を生かした暮らしやすいまち作り 防潮堤を活用した「常磐自転車道」建設による茨城の観光都市化 水辺空間や流域資源の有効活用による人口再流入・地域創生 離島の持続性、豪雪山間地域で暮らせるまち等

テレワーク
超高速ネットワーク網
メガソーラー
温泉地熱発電
シェアリング
エコノミー
常磐自転車道
SHARE
グリーン
インフラ
リー×自動運転
エアモビリティ
ドーム型
都市
宇宙空港
地下都市
防災シェルター
東京湾を
横断する道路
津波の
全自動防波堤
フロート
洋上風力発電

中部のビッグピクチャー2022

多様な文化とつながりが育まれる中部

Proposed by 中部ビッグピクチャー研究会

中部には風土と歴史の中で育まれた多様な文化と産業がある．私たちは各地の多様な文化と産業を，新たな「つながり」とともに育んでいく必要がある．本提案は，中部のビッグピクチャーに向けた議論の出発点である．

流域圏及び文化圏をつなぐネ

中部には，我が国の主要構造線が東西南北を横切
スが内陸部に位置している．また，我が国を代表
行きの中で，多様な流域文化が発達してきた。本
文化圏とそれらの都市を尊重し，それらの都市が
によって結節された新たなネットワークを提案す

圏域とネットワークの考え方

各文化圏には一つあるいは複数の都市を有し，流域圏は複数の文化圏から形成されている．中部は流域圏の集合体として理解される．

文化圏

都市

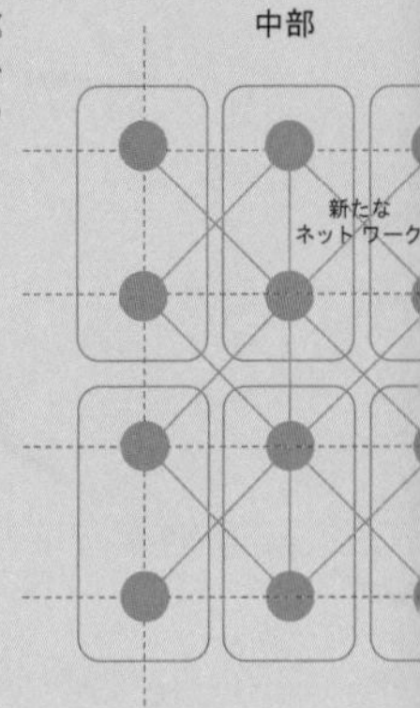

「新しい駅」＝ 駅

新しい駅の立地コンセプト

鉄道駅
新しい駅
道の駅

未来のVTOLのイメージ

unite　&　take off

「新しい駅」は川沿いに立地し、地域内の既存の鉄道駅や道の駅といった既存交通モードの拠点と接続されつつ、UAV、VTOLといった新交通モードへの結節点となる。また，人とモノが交流しながら新たな地域の文化や生業を生み出すためのイノベーションの拠点となり、地域の人々が集まり楽しむための場となる。災害時には防災ステーションや避難所として機能し、緊急物資やボランティアなどの玄関口となる．
未来のVTOLは、自動車と飛行用ユニットから構成され「新しい駅」で装着し，各地の「新しい駅」へと飛行する．

本
な

ワーク

の構造線によって形成された急峻な日本アルプ
河川が複数存在し，海から山にいたる長大な奥
は，中部の風土と歴史の中で育まれた流域及び
VTOL（垂直離着陸機）といった新交通モード

都市の分類

結節都市
航空機、新幹線やリニア新幹線、高速道路といった既存の高速交通モードと結節する都市。結節都市は次に述べる中心都市と拠点都市の役割も兼ねる場合がある。例）中津川，富山，名古屋など

中心都市
各文化圏の中心となる都市。拠点都市の役割を兼ねる。例）伊勢，小松，諏訪，岐阜，豊橋など

拠点都市
地域内の旧交通モードと新交通モードの接続を担い、文化圏の拠点の一つである。
例）下田，七尾，白馬，下呂，碧南など

用した新交通は事故のリスクを考慮して、河川や谷合といった
利用地の上空を移動する。これらのルートの多くは奇しくも、
かつてこの圏域の文化を育んだ舟運や街道のルートと重なり、
元来の地域間のつながりを強化することになる。

中部の圏域モデル

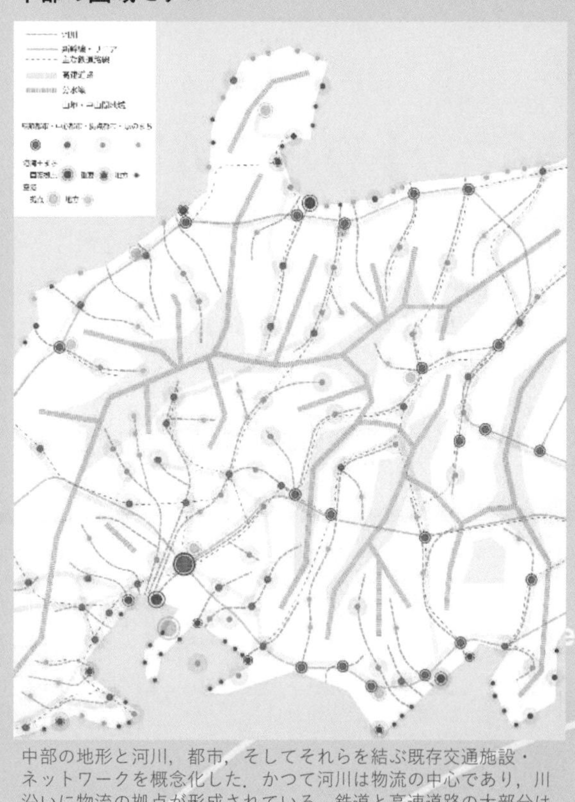

中部の地形と河川，都市，そしてそれらを結ぶ既存交通施設・ネットワークを概念化した．かつて河川は物流の中心であり，川沿いに物流の拠点が形成されている．鉄道と高速道路の大部分は流域を跨ぐように形成されている．

各空港と港は海外との直接的な結節点となる

UAVとVTOLによって結ばれた新たなつながり

河川によって結ばれた軸

既存あるいは建設中の高速交通モードによって結ばれた軸

桑名　名古屋　揖斐　郡上　小松　飛騨／立山　中津川　七尾　輪島　珠洲　飯田　伊那　松本　白馬　川根本　諏訪　長野　富士　伊豆　Tokyo

Hokuriku　Linear Shinkansen　Tokaido

木学会「コロナ禍におけるビッグピクチャー」プロジェクトの土木学会中部支部での取り組みの一環として，若手研究者・技術者から
ッグピクチャー研究会」のメンバーが，ビッグピクチャーの概念や各学校の学生たちのアイデアをもとにとりまとめたものです．

30年後の”土木”のビッグピクチャー概要版「総括地図」

土木で描く未来へ

星形ネットワークがつなぐ関西のまち・とき・ひと

・まちを結ぶ　未来の 陸・海・空 交通網
・多様なネットワークで経済・観光を活性化

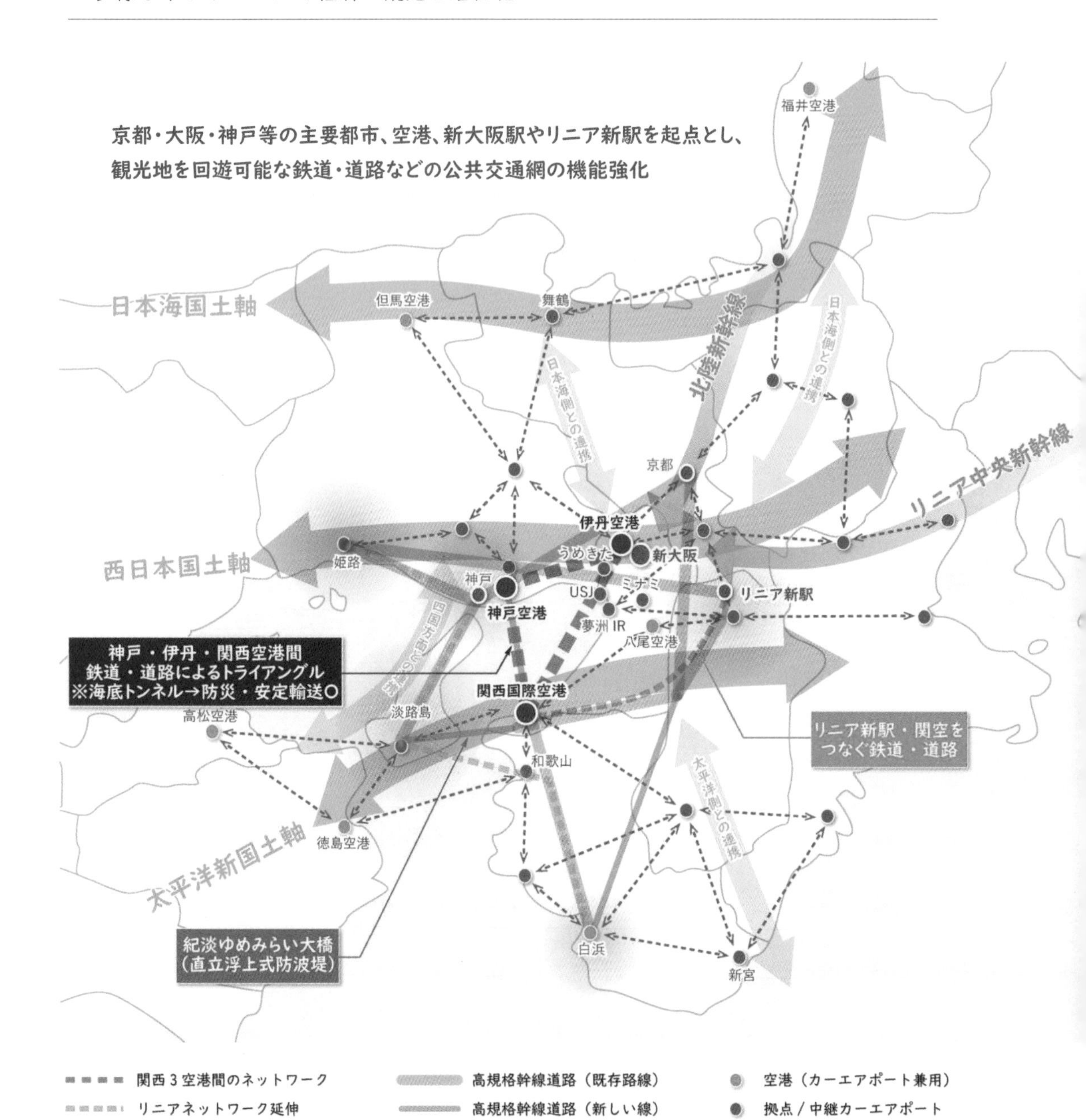

鉄道

- 京都・大阪・神戸、空港、新大阪駅やリニア新駅等を結節点とし、魅力ある“まち”を回遊可能な鉄道ネットワークを形成
- 新大阪駅をリニア・北陸新幹線等今後広がる新幹線ネットワークのハブ“中央駅”として高機能化
- 神戸空港・伊丹空港・関西国際空港間で鉄道・道路２系統の交通網を整備（トライアングル形成）
- 関空からリニア新駅、紀淡海峡を新たにつなぎネットワーク強化
- 持続可能な鉄道へのシフト
  - ・設備のスリム化・先端技術活用による省人化
  - ・国や地域とともに支える（公有民営化による上下分離方式の推進）
  - ・BRT、LRT 等の新交通整備を検討
- 点在する“まち”をつなぎ魅力を高める
  - ・シームレスな移動
  - ・駅まち空間整備（一体化・観光地化）

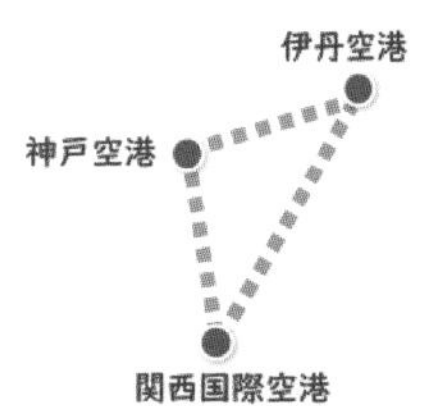

道路

- 「星形ネットワーク」の形成
  - ・大阪を中心とした主要都市間を結ぶ高規格幹線道路網により道路機能を強化
- 「文化都市」関西の魅力を高める道路ネッワーク
  - ・観光地・各拠点間のつながり強化
- 災害に強い道路機能の向上
  - ・リダンダンシー確保、避難路整備、先端技術活用
- 都市内における魅力ある新たな道路空間の創出
  - ・バリアフリー化、目的に応じた自由な空間デザイン

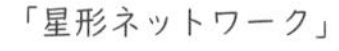
「星形ネットワーク」

道路機能向上・道路空間創出

橋梁

- 道路、鉄道による交通ネットワーク形成のための橋梁の新設
- 関西の新たなシンボルとなる橋梁の建設（紀淡ゆめみらい大橋）
- 橋梁の観光資源化による魅力発信、新たな人流の創出
  - ・観光資源としての利用を想定した計画（歩道、展望デッキ、商業施設等の空間利用）
- 構造物の長寿命化による橋梁資産の保全
  - ・新技術開発と活用促進による効率化、省人化

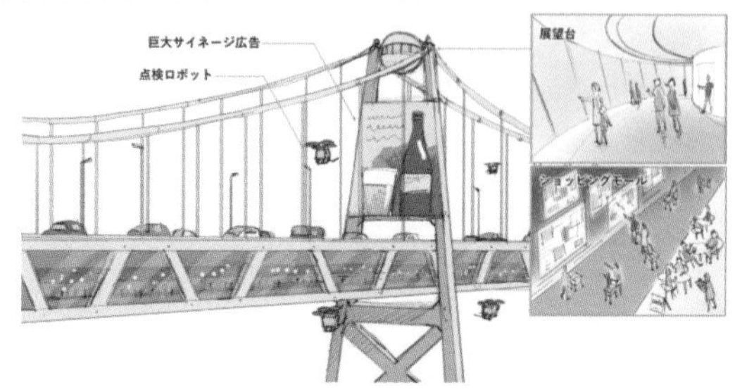

未来の橋の姿・夢の懸け橋

空港港湾

- 暮らしの安全・安心の強化に向けて
  - ・泉州港に耐震バースを整備（関空を防災拠点化）
  - ・直立浮上式防波堤の整備（紀淡海峡）
- カーボンニュートラルポートの整備
  - ・関西の港湾を水素等の次世代エネルギーの活用拠点へ
  - ・多自然型港湾（自然共生）の整備
- 地方都市の魅力を身近に(地域創生)
  - ・海上-空中交通網の形成、人の往来の増加や地域の活性化
    <海上>クルーズ船・スーパーヨット　<空中>空飛ぶクルマ
- 未来の物流を目指して
  - ・空飛ぶクルマを活用し、最短距離且つ無人での運送

多自然型港湾

出典：東京湾観光情報局 HP (https://tokyo-bay.biz/pref-kanagawa/city-yokohama/kn0017/)

空飛ぶクルマのカーエアポート

出典：Drone Fund (https://www.facebook.com/chibakotaro/posts/10216009306926685)

多様性のあるスモールシティ

- それぞれの特色が輝く、住みたい「まち」を実現するスモールシティの創出
- 今あるまちの発展とともに、新たな価値の追求により社会の多様化に対応する
- 特色を生かすため、民間主導でまちを作り、運営・継続も民間・市民が担う
- 全国の多彩なまちから、自分の特性にあったまちを選び、育てることができる

中国地方全体のビ

：山間地域（中国山地）におけるＢＰ
：海（瀬戸内海、日本海）近辺地域におけるＢＰ
：その他（再エネ、SDGsへの取組みなど）

：主な空港
：主な港湾

フリーゲージトレイン
幹線鉄道の高速

山陰道などの骨格幹線道路の整備
交通の円滑化・物流の促進

再生可能エネルギーの
導入推進

小さな拠点づくりなど
“中山間地域”の持続的な発展

山口

都市交通の整備による
都市機能の維持増進

グピクチャー概要

メタンハイドレートなどの
新たなエネルギー資源の開発

日本海

入

空港・港湾機能の強化による
国内外との交流拠点化の推進

鳥取

MaaS (Mobility as a Service)
AD (Autonomous Driving: 自動運転)
による過疎社会への対応

中国山地

岡山

流域治水の推進
水害に強いまちづくり

コンパクトシティの形成よる
防災に強いまちづくり

内海

人・物流促進に向けた
大型船舶の入港可能な港湾整備

コロナ後の“土木”の
凡　例
幹線鉄道網
在来鉄道網
（ＪＲ、民間）
空港
新国際空港
高速道路網
新ルート
港
四国遍路道
新交通システム
DMV、UAM
西瀬戸自動車道
広島・松山ルート
フィーダー交通
LRT、基幹バスBRT
松山空港
海上交通
ネットワーク
四国８の字
ネットワーク
九州・松山ルート
九州と結ぶ
幹線鉄道
観光拠点
作り
四国遍路道
世界遺産ルート

国土地理院複製承認 R３JHf １４１地理院タイル　中国四国

コロナ後の『土木』のビッグピクチャー

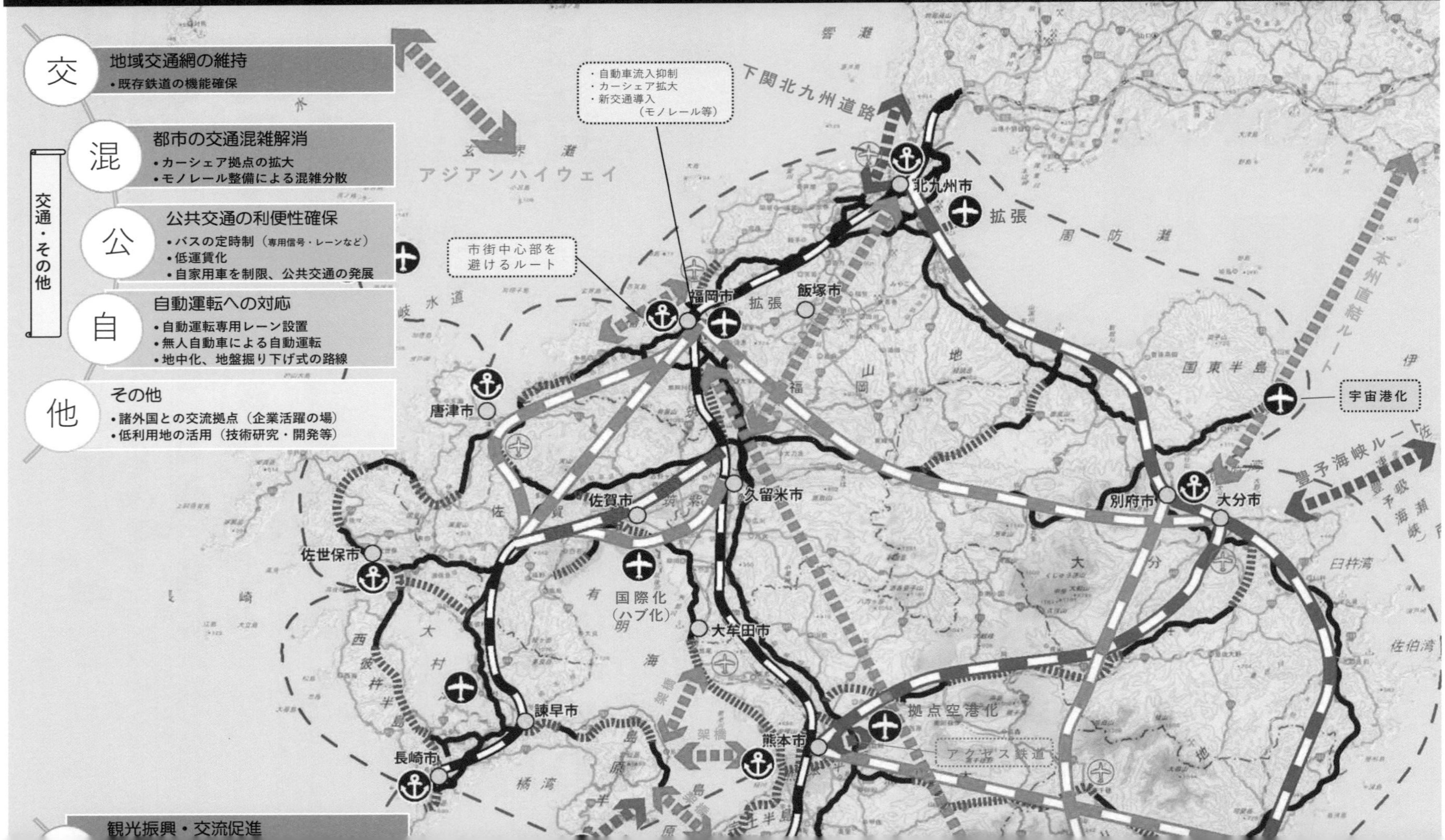

ソフト・まちづくり

エ 再生エネルギーの普及拡大
- 地熱発電、水力発電の効率向上

自 グリーンインフラの整備
- 市街地内に自然空間を生成
- 法面を自然配慮型へ

災 災害時の支援対策整備
- 防災協定締結の推進
- 海上輸送（支援）体制の構築

防 防災インフラの整備
- 貯水池兼公園となる窪地整備
- 地下貯水空間の整備
- 居住空間の嵩上げ、簡易型ボート設置

技 新技術の開発活用
- 環境配慮船の開発
- UTM（ドローン運行管理システム）の制定

沖縄全域

観光・商業施設を結ぶバス路線

九州へのルート

架橋

モノレール

新たな航路

南北・東西交通結節機能創出

うるま市

沖縄市

モノレール・自動運転専用道路

小型モビリティのシェアリングサービス普及

那覇市

市街地にLRT導入

例）国際通りなど

天草灘

草諸島

架橋

八代海

東九州自動車道

東九州新幹線

宮崎市

日向灘

未利用地の活用

カーシェア拡大

霧島市

都城市

鹿児島市

吹上浜

薩摩半島

鹿児島湾

鹿屋市

志布志湾

大隅半島

大隅海峡

鹿児島

沖縄へのルート

凡例

○	主要都市（人口 10 万人以上）
	新幹線（既設）
	新幹線（事業中）
	新幹線（計画あり）
	新幹線（構想のみ）
	高規格道路（既設）
	高規格道路（事業中）
	高規格道路（計画あり）
	高規格道路（構想のみ）
	既設の空港
	新たに増設する空港【アイデア】
	既設の港湾
	海上周遊ルートの整備【アイデア】

作成：土木学会　西部支部

付録

土木学会創立 100 周年宣言
－あらゆる境界をひらき、持続可能な社会の礎を築く－（2014.11）

【前文】

我が国の近代土木技術は、明治初期に御雇外国人の指導を受けたことで産声を上げ、土木学会初代会長の古市公威をはじめとする欧米留学から帰国した者達の先導によって開花期を迎えた。このことを宣言本文の冒頭に記したが、それは本宣言が学会という法人の宣言である前に、個々の人間として原点回帰を志すための宣言であることを強調するためである。今から 100 年前の 1914 年に土木学会が創立され、その半世紀後、1964 年の東京オリンピック開催に至るまで、我が国の土木は、実に輝かしい実績を積み重ねてきた。黒部ダムの完成、東海道新幹線や名神高速道路の開通等、この時期に完成し今日でも我が国を支える土木事業は少なくない。このような歴史を造り上げた先人たちを土木は誇りとしている。

確かに、その後の半世紀に土木を取り巻く環境は激しく変わった。オリンピック後も高度成長を支え、土木は活況を呈したが、同時期に進行した環境破壊により、創立 60 周年の土木学会は早くも環境問題に直面した。そして創立 80 周年の土木学会は、バブル経済崩壊後のさまざまな経済問題への対処を迫られた。それから既に 20 年。創立 100 周年の土木学会は、2011 年に発生した東日本大震災を経験し、社会の安全問題にあらためて直面している。土木学会は 100 年の歴史の後半で、安全、環境、経済（活力）、社会（生活）のすべてを揺るがす困難な国家の問題に直面してきた。それでも土木はその克服に努め、今日に至るまで我が国の産業と国民生活を支え、豊かな国土の形成に貢献してきたと自負している。

しかし、近年の土木に対する社会からの評価は芳しくなく、土木学会は前世紀末頃より、幾つかの宣言や規定を社会に向けて発出してきた。そのうち、仙台宣言は国民の批判を受けた社会資本整備について、透明性があり計画的で効率的な整備のありかたを宣言したものであり、公益社団法人への移行にあたっての宣言は学会のありかたを再度見つめ直したものであった。

これらに対して、100 周年宣言は、あらためて過去 100 年を振り返り、これからの長い未来を展望し、土木が人々と共にあって働くさまざまな組織や人間として、如何にあるべきかを強調するものである。本宣言はそのような視点から、学会が策定した「社会と土木の 100 年ビジョン」より、土木の人としてあるべき理念を中心に抜き出し構成したものである。

この 100 年で我が国の経済や生活は大いに豊かになったが、自然災害や地球環境の問題に留まらず、少子化や人口減少、高齢者の不安やコミュニティの崩壊など、土木を取り巻く社会の課題はむしろ増しており、世界に目を向ければ、未だ貧しい国々が多数残る。土木が最も大切と考えることは、このような幾多の困難にも、責任を持って立ち向かえる人材を育てることにある。未来に亘る課題を人々と共有しつつ、人々の生活を豊かなものにするという、土木の根源的な目標を達成するために全力で貢献すること、そうすることにより何時の時代も若い人々が誇りと感動を得る魅力的な「社会と土木」の関係を構築できる。土木学会はそのように考えている。

【本文】

（過去 100 年に対する理解）

1. 我が国の近代土木技術は、明治初期に御雇外国人の指導と欧米留学帰国者の先導で幕を開け、治水、砂防、港湾、鉄道を中心に発展し、それらの社会基盤施設が今日の我が国の産業と国民生活を支え、特に昭和中期以降は、高度な土木技術による高水準の社会基盤施設を全国に広げ、多くの国民がその恩恵を受けてきた。土木はこの 100 年の歴史を誇りとする。

2. 土木事業の進展による経済の発展や利便性の向上と同時に、社会では環境問題などが顕在化し、公害問題、特に大気汚染や水質汚濁が生じ、近年は気候変動など地球規模の環境問題が深刻視された。また、東日本大震災に至る度重なる災害が社会の安全確保を喫緊の問題とした。土木は、これらを解決し、経済活動と生活水準を将来に亘って維持することが、現代の社会に課せられた課題と認識する。

（今日の土木の置かれた立場）

3. 現在の土木は、東日本大震災の津波被害と福島第一原子力発電所事故の惨禍による衝撃を未だ拭い去れない。それでも、社会における重責を理解し、成し遂げた役割と技術の限界とを自覚し、社会における信頼を一層高め、社会に貢献することに、例外なく取り組む覚悟を持つ。

（今後目指すべき社会と土木）

4. 土木は地球の有限性を鮮明に意識し、人類の重大な岐路における重い責務を自覚し、あらゆる境界をひらき、社会と土木の関係を見直すことで、持続可能な社会の礎を構築することが目指すべき究極の目標と定め、無数にある課題の一つ一つに具体的に取組み、持続可能な社会の実現に向けて全力を挙げて前進することを宣言する。

（持続可能な社会実現に向け土木が取り組む方向性）

5.（安全）社会基盤システムの計画的な利活用と人々の生活上の工夫で、自然災害等の被害を減らし、安全な都市・社会の構築に貢献するとともに、社会基盤システムの安全保障を継続的に強化して、社会基盤施設が原因の事故で犠牲者を出さないことにあらゆる境界をひらき取り組む。

6.（環境）自然を尊重し、生物多様性の保全と循環型社会の構築、炭素中立社会の実現を早めることに貢献するとともに、社会基盤システムに起因する環境問題を解消し、新たな環境の創造にあらゆる境界をひらき取り組む。

7.（活力）社会基盤システムの利活用によって交流・交易を促進し、我が国が世界経済の発展に継続的に役割を果たすことに貢献するとともに、土木から新しい産業を創造して社会に役立てることにあらゆる境界をひらき取り組む。

8.（生活）百年単位で近代化を回顧し、先人が培ってきた地域の風土、文化、伝統を継承し、我が国やアジア固有の価値を十分踏まえた風格ある都市や地域の再興と発展に貢献するとともに、地域の個性が発揮され各世代が生きがいを持てる社会の礎を構築することにあらゆる境界をひらき取り組む。

（目標とする社会の実現化方策）

9. 土木は目標とする社会の実現のため、総合性を発揮しつつ、「社会と土木の100 年ビジョン」に明記された社会安全、環境、交通、エネルギー、水供給・水処理、景観、情報、食糧、国土利用・保全、まちづくり、国際、技術者教育、制度の各分野の短期的施策、特に国や地域における政策、計画、事業等の速やかな実行を先導し、長期的施策の実現に向けた取組みを継続する。

（土木技術者の役割）

10. 土木技術者は、社会の安全と発展のため、技術の限界を人々と共有しつつ、幅広い分野連携のもとに総合的見地から公共の諸課題を解決し社会貢献を果たすとともに、持続可能な社会の礎を築くため、未来への想像力を一層高め、そのことの大切さを多くの人々に伝え広げる責任を全うする。

（土木学会の役割）

11. 土木学会は、社会に多様な価値が存在することを理解しつつ社会の価値選択に関心を持ち、技術者や専門家が尊重され、さまざまな人々が協働して活躍する将来の持続可能な社会の実現に向けて、学術・技術の発展、多様な人材の育成、社会の制度設計に継続的に取り組む。

【後文】

本宣言は、土木学会の創立100周年にあたり、東日本大震災を経験した我が国の土木のこれからの役割と責任とを根本的に問い直すため、あらゆる境界をひらき、社会と土木の関係を見直すことで、現代の土木の置かれた立場からどのように踏み出すかをあらためて示したものである。土木学会は本宣言の趣旨を踏まえ、すべての会員、委員会の総力を結集し、地球、人類、社会への貢献に全力を挙げて取り組むことを誓う。

『国難』をもたらす巨大災害対策についての技術検討報告書(2018.6)

緒 言

1914 年の設立後 100 年余、土木学会は土木工学の進歩と国土の建設に貢献してきた。とりわけ、日本はその地球上の地理的、地勢的特性から異常な自然力(Hazard)が極めて頻繁に発生する地域にあるため、この被害より国民の生命、財産を守る防災事業への貢献は常に我が土木学会の最大関心事であった。

1923 年の関東大震災、1959 年の伊勢湾台風等々数多くの大災害に遭遇したが、その都度調査や復興に学会を挙げて取組み、数多い報告書に今も見られるようにその後の対策に多くの成果を残してきた。こうして生み出された耐震設計をはじめとする多くの防災対策の効果もあって災害多発国であるにも関わらず、我国は先進国グループに達することが可能となったともいえる。

災害(Disaster)は異常な自然外力(災害力:Hazard)とそれが作用する地域の社会経済集積の相乗の結果である。すなわち Hazard が大きくても地域の集積が小さければそれがもたらす災害は限定的であり、被害の回復も容易である。一方、集積が大きく土地利用が高度であれば災害は巨大となる。今日の我が国土の社会経済集積は巨大であり、また巨大都市圏など地域集中も著しい。加えてサプライチェーンにみるように生産活動は国土全域に広がりそれらは有機的に結びつけられている。

JSCE 土木學會

「国難」をもたらす
巨大災害対策についての
技術検討報告書

2018 年 6 月
平成 29 年度会長特別委員会
レジリエンス確保に関する技術検討委員会

土木学会会長特別委員会「レジリエンス確保に関する技術検討委員会」

委員長 中村 英夫

従って過去と同じ Hazard でもそれが襲う地域、時間などにより災害は極端に大きなものとなる可能性がある。加えて Hazard も従来想定してきたものを大きく超えるものが発生している。近年起った阪神・淡路大震災、チャオプラヤ大洪水、ハリケーン・カトリーナ高潮、東日本大震災などの大災害がこの種の極端な大災害の発生可能性を示している。

近年、海溝型の広域大地震、巨大都市での直下型地震や大規模な高潮・洪水などの発生も危惧されている。我国の社会経済活動の大集積を襲うこれらの強大な自然力は多くの人命とともに我国の国力に回復不可能な被害を及ぼす可能性をもつ。近年の我々の遭遇した大災害の経験は、極端な災害力に対して従来型の工学技術的手段だけでは将来にわたる安寧を確保することは不可能であることを示している。このような事態を避けるためには、施設の部分的な破壊は避け得ないとしても短期間に復旧可能な水準に被害をとどめ、国民の生活に回復不能な致命的な影響をもたらさないような強靱(レジリエント)な国土をつくることを目指すしかない。そこでは構造上の強化策に加え、国土経営上の視点から必要な対策が不可欠であると考える。
本報告はこのような極めて重い課題に対して、今後我々は何をなすべきかを示そうとするものであった。そこには土木学会に所属する災害研究の第一人者を叫合し、我が国土のレジリエンス確保のために何をなすべきかを上記のような視点から提言しようとしたものである。しかし課題はあまりにも大きく複雑であり、限られた時間の中で充分満足できる取りまとめには至らなかった。今回の報告を足掛かりがかりにして学会内でもこの問題に対するさらに調査研究を継続するとともに、各防災担当部局では提言を施策立案に生かして頂きたいと願うものである。

https://committees.jsce.or.jp/chair/node/21

提言「22世紀の国づくり」(2019.5)

人や文明と自然環境の共進化の結果として形作られてきた国土は、人類の生存、文化、社会経済活動の基本舞台である。22世紀初頭に向けて、気候変動など自然環境の大きな変化、情報通信網や人工知能、ロボティックスや自動運転など技術の進歩と浸透、人口動態や社会構造の変化、制度改革、我々の価値観や暮らし方などに大きな変化が見込まれ、そうした変化にあわせてふさわしい国土のあり方も変化すると想定される。

提言「22世紀の国づくり」

令和元年5月1日

公益社団法人 土木学会
「22世紀の国づくり」プロジェクト委員会

デザインコンペ部門A 最優秀賞：風景デザイン研究会「"想像の共同体"から"実感の共同体"へ」(2/2)

今の我々の健康で文化的、安全で尊厳を保てる暮らしは、先人たちが営々と築いてきた国土の上に成り立っている。同様に、22 世紀初頭の国土がどうなり、その上でどのような暮らしが営まれるかは、これから我々がどのような未来を展望し、どのように社会資本を整備するかにかかっている。

では、我々は「あるべき未来」をどのように描き、その実現に向けてどのような社会資本整備を進めるべきなのだろうか。どのような社会や技術、環境の変化を考慮する必要があるのだろうか。なぜ 22 世紀初頭といった一見遠く感じられる未来を思い描く必要があるのだろうか。そもそも、果たしてそれは可能なのだろうか。

こうした問題意識に基づき、平成30年(2018年)初夏に土木学会「22世紀の国づくり」プロジェクト委員会が発足した。有識者へのヒアリングやデザインコンペ、そして熟議を重ねた結果、現在想定される近未来の諸課題の解決に取り組むと共に、望ましい未来像を描き、その実現に向けて今の我々が取り組むべき社会資本整備を明確にし、土木分野内外でその構想とビジョンを共有する必要があるとの認識に至った。

以下を提言し、共有したい。

提言1　22世紀の国づくりを考えるために、社会経済や個別技術の動向に加えて、我々の「幸せ」とは何か、あるいは我々人類が目指す幸福の実現とは何かについて議論をし、積み重ねていく。

提言2　国家100年の計が人材育成なら、国家1000年の計は文化の醸成と伝承である。人がより良く生きられる 文化を生み出し、次世代に継承できる社会の構築を目指す。

提言3　これからの 21 世紀の世界史に日本がどのような名を刻み、どのような22世紀を迎えたいかについて、我々は多様な意見を交わし、「22世紀の世界の中の日本」像を野心的に想い描き、その実現に向けて行動を開始する。

令和元年 5月1日
土木学会「22世紀の国づくり」プロジェクト委員会
https://committees.jsce.or.jp/design_competition/

日本インフラの体力診断

道路、港湾、鉄道等の交通インフラ、上下水道の都市インフラ及び発電・送電等エネルギーインフラは、戦後から高度経済成長を経て整備が進捗し、日本の生活・社会・経済を支えてきた。また、河川の整備は、国民の生命・財産を守る重要な役割を果たしてきた。このように、日本のインフラは、国民の安全・安心、生活水準や経済・産業の国際競争力に対応して、「体力」を確実につけてきた。
一方近年では、地震災害、豪雨災害等の自然災害が頻発・激甚化している。また、笹子トンネル天井版落下事故等各種インフラの老朽化が顕在化している。これら災害や老朽化は、「インフラの体力」を脅かす要因として、その影響は年々深刻になっている。
土木学会では、東日本大震災の復興を総括するとともに、豪雨災害に関しては流域治水に関する提言を発信してきた。また、インフラメンテナンスに関して、教材の発刊、セミナー実施等人材育成に取り組むとともに、道路、河川、港湾、鉄道等の健康状態を国民と共有するために「インフラ健康診断」 を実施し、広く公表してきた。

さて、日本のインフラへの投資に目を向けると、ここ数年、防災・減災、国土強靭化のための緊急対策や加速化対策として重点的に財政措置されているものの、「日本の社会資本整備の整備水準は概成しつつある」との財政当局からの指摘も影響して、1996 年をピークにほぼ半分まで減少した状況が続いている。これに対して、欧米及びアジアの諸国では、インフラへの投資を継続的に増加させている。
上記の点を踏まえつつ、日本のインフラ取り巻く情勢を俯瞰すると、「東京一極集中」の是正が進まない中、大都市部と地方部とのインフラの整備水準とそれに関連する生活・交通・産業・雇用等の格差が拡大する一方、相対的な国際競争力が低下し続けていると認識せざるを得ない。

さらに、COVID-19 災禍により、日本の生活・社会・経済の先行きの不透明感がまん延しつつあり、都市住民と地方住民の意識を含む分断という問題が顕在化してきた。ただ、この COVID-19 災禍により先進諸国の対応、状況が連日報道されることにより、日本の政策、法制度及びインフラの運用の課題も明らかになった。例えば、地域公共交通に対する公的補助金制度などソフトの制度改革も必要であることがわかった。

折しも米国バイデン大統領が「The American Jobs Plan」を、英国 ジョンソン首相が「National Infrastructure Strategy」を発表するなど、ワクチン接種が進み経済回復の兆しが見える国々では、ポストパンデミック時代を見据えて、社会基盤整備の政策転換とともに大規模な積極財政政策に舵を切りつつある。
このような背景を反映して、「日本のインフラの実力・体力は大丈夫か？どの程度か？」と疑問視する声も大きくなってきた。また、欧米と同様にパンデミック後の日本のインフラ整備について、国民をはじめ多くのステークホルダーを巻き込んだ議論を始め、投資額を盛り込んだ長期的計画を策定する必要があるとの機運も高まってきた。

そこで、土木学会では、「インフラ体力診断小委員会（委員長：家田仁）」を設置し、「日本のインフラ体力を分析・診断し、国民に示す」議論をスタートさせた。第１弾として主要な公共インフラである道路、河川、港湾を対象として主査を中心としたメンバーにより各インフラの体力に関連するデータを収集し、熱心な議論を重ね、ここに成果をとりまとめた。
なお、この「インフラ体力診断」は、「インフラ健康診断」及び「日本インフラのオリジナリティ（土木学会誌連載中）」と組み合わせて、日本のインフラの「強み」、「弱み」を総合的に評価する資料・データとして活用して頂きたい。

日本インフラの「体力」診断 Vol.1－はじめに－より

https://committees.jsce.or.jp/kikaku/node/118

noteコンテスト「#暮らしたい未来のまち」(2021.9.8～10.3)

コンテスト開催の背景

朝起きて電気がつき、蛇口をひねればきれいな水がでて、国内からだけでなく海外からの荷物も玄関先まで届く。「今」、わたしたちはとても便利な暮らしができています。

わたしたちが暮らしている「今」は、「昔」の人たちがこうなったらいいなと考えた「未来」です。想像されていたよりすごいこともあるでしょうし、こうじゃなかったのではということもあるでしょう。

でも、「昔」の人たちの営みが、「今」のわたしたちの暮らしに繋がっています。

そして、「今」の暮らしを根底で支えているのは、当たり前のように存在しているけれど普段はあまり意識されず、でも日常的に、そして直接・間接に使っている、通信網や送電網、ガスや上下水道の管路網、道路や鉄道、港や空港、堤防やダムなど多種多様・数多くのインフラです。

わたしたちの幼い頃、あるいは生まれる前の「昔」に、「未来」の暮らしやまちの姿を考えた人がいて、「昔」の人が築き、守ってきたインフラが、「昔」からみた「未来」である「今」のわたしたちの暮らしやまちを支えてくれています。

しかし、こうしたインフラは必要になったからといってもすぐにはできるものではありません。「今」わたしたちが使っているインフラは、「昔」の人たちが「未来」にはなにが必要なのか、「未来」にはなにがあればよりよい暮しができるだろうかと考え、「未来」のためにと長い時間をかけて築き、積みあげてきてくれたものです。

では、「今」から見た「未来」では、わたしたち、あるいは今の子どもたちは、どのようなものに支えられ、どのような社会で、どのような暮らしを営んでいるのでしょう？

「未来」に暮らす人たちのために、「今」の時代を生きるわたしたちは、新たになにを築き、なにを残していけばよいでしょう？

そこで、みなさんの思う「暮らしたい未来のまち」の姿をとおして、「未来」にとっての「昔」にあたる「今」、この先に社会の中心となる若い世代の方々が考える「未来」のために必要なものはなにか、「今」やっておくべきことは何か、多くの人たちと一緒に考えていきたいと思い、今回のコンテストを始めることにしました。

たくさんの人に「暮らしたい未来のまち」を考えていただいて、「未来」のために、多くの人の暮らしを支え、幸せに繋がる「ビッグピクチャー」を描くことができたらと思っています。みなさまの考える「暮らしたい未来のまち」を、ご自由に投稿ください。

さまざまな「未来」の姿に出会えることを、楽しみにしております。

「ちょっと近いが一番たのしい」場所を残す未来

♡ 257

note コンテスト「#暮らしたい未来のまち」グランプリ作品
https://note.com/eripope/n/nb0be214308e4

これまでの国土政策

土木学会誌 2021 年 8 月号は、過去の国土計画を振り返りつつ、さまざまな切り口から将来の国土を考えていくため、「新しい国土」というテーマで特集を組みました。

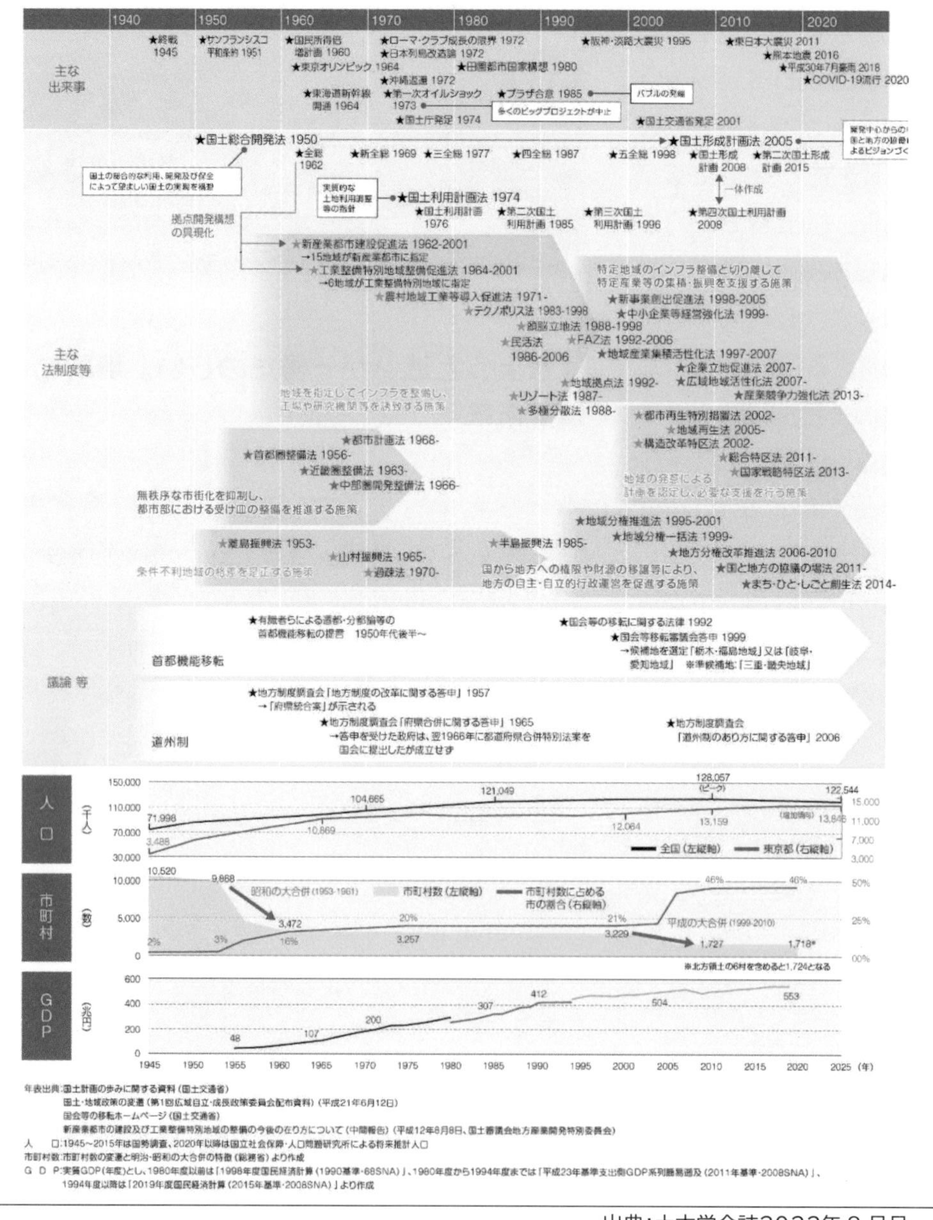

出典:土木学会誌2022年８月号

先人の教訓を記した『自然災害伝承碑』

日本列島の津々浦々には、先人がのこした自然災害の事実や教訓を伝承する碑が多数存在しています。これらの碑は、日本列島を取り巻く自然環境の厳しさを物語っています。国土地理院では、自治体からの申請を受けた自然災害伝承碑（2022年5月17日時点で全国407市区町村1372基）について『地理院地図』に掲載するとともに、その詳細情報（碑名・建立年・所在地・災害名・災害種別・伝承内容・緯度経度）を国土地理院ホームページから提供しています。

自然災害伝承碑データの提供について：

https://www.gsi.go.jp/bousaichiri/denshouhi_datainfo.html

（2023年2月2日閲覧）

我が国は、その位置、地形、地質、気象などの自然的条件から、昔から数多くの自然災害に見舞われてきました。そして被害を受けるたびに、わたしたちの先人はそのときの様子や教訓を石碑やモニュメントに刻み、後世の私たちに遺してくれました。

その一方、平成30年7月豪雨で多くの犠牲者を出した地区では、100年以上前に起きた水害を伝える石碑があったものの、「石碑があるのは知っていたが、関心を持って碑文を読んでいなかった。水害について深く考えたことはなかった」。（平成30年8月17日付け中国新聞より引用）という住民の声が聞かれるなど、これら自然災害伝承碑に遺された過去からの貴重なメッセージが十分に活かされているとは言えません。

これを踏まえ国土地理院では、災害教訓の伝承に関する地図・測量分野からの貢献として、これら自然災害伝承碑の情報を地形図等に掲載することにより、過去の自然災害の教訓を地域の方々に適切にお伝えするとともに、教訓を踏まえた的確な防災行動による被害の軽減を目指します。

出典：国土地理院ホームページ「自然災害伝承碑」

https://www.gsi.go.jp/bousaichiri/denshouhi.html（2023年2月2日閲覧）

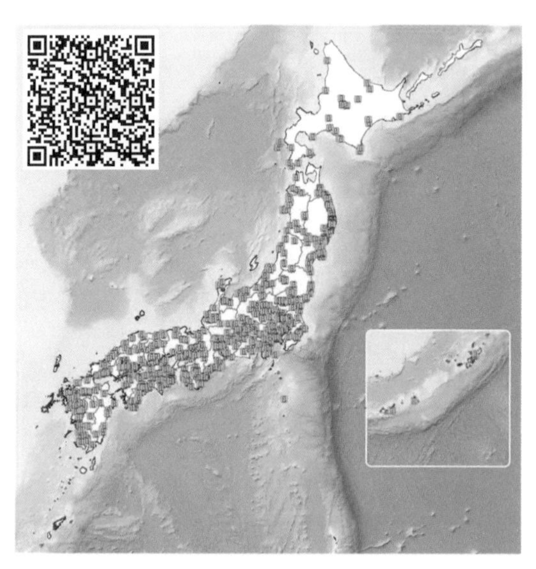

図　国土地理院の地理院地図に登録されている『自然災害伝承碑』

※国土地理院が公開している情報に基づき JICE が作成

会長対談（土木学会誌会長特別企画 2021）

http://www.jsce.or.jp/journal/message/index.shtml

2021 年 7 月号『産学官の垣根を超えた議論で「ビッグピクチャー」を描こう』

［語り手］谷口 博昭　第 109 代土木学会 会長

［聞き手］羽藤 英二　土木学会誌編集委員長

2021 年 9 月号『コロナ後の政治経済社会とインフラの未来を語る』

［座談会メンバー］

三村 明夫 氏 日本商工会議所 会頭

橋本 五郎 氏 読売新聞東京本社 特別編集委員

谷口 博昭　　第 109 代土木学会 会長

2021 年 11 月号『アフターコロナへ向けた分散型国土づくりと地方創生』

［座談会メンバー］

飯泉 嘉門 氏 前全国知事会会長、徳島県知事

立谷 秀清 氏 全国市長会会長、福島県 相馬市長

谷口 博昭　　第 109 代土木学会 会長

2022 年1月号『シンクタンクと土木学会が連携し産業基盤のパラダイムシフトを牽引』

［語り手］寺島 実郎 （一財）日本総合研究所会長、多摩大学学長

［語り手］谷口 博昭　第 109 代土木学会 会長

2022 年 4 月号『よりよい国土を次世代へつなぐ辛口の技術者集団たれ』

［座談会メンバー］

林 康雄　　第 107 代土木学会会長、鉄建建設（株）取締役会長

家田 仁　　第 108 代土木学会会長、政策研究大学院大学特別教授、東京大学名誉教授

上田 多門　土木学会次期会長、北海道大学名誉教授、深セン大学特聘教授

谷口 博昭　第 109 代土木学会 会長

2022 年6月号『今、学会が社会に問う「将来日本のありかた」』

[座談会メンバー]

石田　東生　筑波大学名誉教授、日本みち研究所理事長

屋井　鉄雄　土木学会副会長、東京工業大学副学長・教授

谷口　博昭　第 109 代土木学会　会長

関連レポート

「社会資本に関するインターネット調査((一財)国土技術研究センター(JICE))

○調査概要

(1)調査の目的

近年の社会情勢の変化を踏まえ、国民の社会資本に対する認識、理解、評価の実態とその理由を明らかにするために JICE が土木学会と連携し、社会資本に関するインターネット調査を実施する。また、2017 年度に実施した同じ主旨の調査との比較や分析も実施し、近年の社会情勢の変化によるインフラに関する国民意識の変化なども把握する。さらには、社会資本の保全・整備を進めるにあたっての論点・留意点を明確にし、社会資本に関する認知・関心を高め、健全な議論の契機となることを期待する。

(2)調査対象者 : 全国 18 歳~79 歳男女

(3)サンプル数 : 3,000 人

(4)調査期間 : 2021 年 4 月 27 日(火)~5 月 6 日(木)

(5)調査方法 : 登録モニターによるインターネット調査

(6)調査項目

1. 社会・生活の動向に関する意識・態度
2. 社会・生活に関する考え方
3. 社会・生活空間、国土に関する評価/重要度
4. 社会資本具体分野別の充足度評価、推進意向
5. 社会資本の状況に関する全体評価
6. 社会資本の維持管理・更新に関する認知・理解・評価
7. 社会資本整備のありかた、保全・整備の進め方に関する評価
8. 国家予算 費目別 今後の増減評価
9. 日本とあなたの住む地域の将来(予測となるべき姿)
10. 属性(フェイスシート)

○調査の特徴

- 全国 3,000 サンプル、各都道府県の人口割合を踏まえたサンプル割付、性・年齢はブロック内で均等割付。
- 3,000 と多数のサンプルを確保したため、ブロック別、都市規模別、性、年齢別などの集計・分析が可能。
- 社会資本についてだけでなく、その評価の背景となる社会・生活の動向に関する意識・価値観及び日本、居住地域の将来(なりそうな姿、なるべき姿)について質問したため、それらと社会資本の関係の分析が可能。
- 2017 年にも同様の調査を実施。前回調査と今回調査の結果を比較することにより、国民意識の変化の把握が可能。

○調査結果のポイント

全体的に高まる社会・生活への不安

社会・生活に関する不安度を問う設問では、前回調査(2017)と比較し、全体的に不安度が高まっています。不安度が大きく高まっている項目が多いのは、「日本の経済成長・景気が悪化」などの活力・交流に関するもの、「災害が頻発・激甚化する」、「地球温暖化問題が進行する」などの安全・安心に関するものとなっています。

大きく変化する社会・生活環境と求められる変化への対応

新型コロナウイルス感染症の発生に伴う変化に関する設問に、約 9 割の方が変化があったと回答されました。

新型コロナウイルス感染症の発生を受けて、あなたご自身にどのような変化がありましたか?(報告書 p7)

これに象徴されるように、社会・生活環境の変化やそれに伴うニーズの変化は大きく、また、社会資本のありかた・保全・整備の進め方に関する設問では、「新型コロナによる変化への対応」(Q25)、「国土強靱化」(Q14)、「脱炭素社会実現への取組み」(Q26)、「新技術の開発と導入」(Q27)など、近年、大きな変化のあった分野への対応について、6 割~7 割程度の方が肯定的な回答をされています。

地域により異なる意識

居住地域の社会資本具体分野別の充足度評価に関する設問や居住地域の将来像の予測に関する設問では、地域ブロック別・都市規模別で評価や意識が大きく異なっています。

中長期計画に基づく計画的で効率的な社会資本の保全・整備へのニーズの高まり

日本全体の社会資本の推進意向に関する設問では、すべての分野において、充足すべきとの割合が 7 割を超えています。中長期計画・財源確保・計画的効率的推進の必要性に関する設問では、肯定的回答が 7 割を超え、前回調査と比較しても 6.2 ポイント増加しています。

十分認知されていない社会資本をとりまく環境

社会資本の維持・管理の課題に関する認知は5割にとどまっています。また、アメリカやヨーロッパ諸国などでの社会資本投資が増大していることに関する認知も3割程度にとどまっています。前回調査と比較すると認知が高まっている項目もありますが、社会資本をとりまく環境はいまだ十分認知されていると言える状態にはないようです。社会資本の維持・管理の課題に関する認知や日本の過酷な自然条件に関する認知【P22 Q31】は、若い世代のほうが、また、男性より女性のほうが認知率が低い傾向にあります。

公共の果たす役割への期待の高まり

居住地域のなるべき姿として、「社会的な課題解決を行政に依存する地域」を選択した割合が大きく増加しました(前回 20.9%→今回 30.4%)【P29】。また、今後の公共事業予算の増減に関する設問では、「増やしていくべき」「増やさざるを得ない」を合計した割合が増加しています。(前回 41.3%→今回 50.6%)さらには、「必要が生じた場合、土地利用などの私権が制限されるのは止むを得ない」との回答も大きく増加しました(前回 37.9%→今回 55.9%)災害の激甚化、新型コロナウイルス感染症の発生、地球温暖化の進行など、個人だけでは対応困難な課題が山積する中、公共の果たす役割への期待が高まっているものと推測されます。

求められる社会資本のなるべき姿の具体像

「全体的に高まる社会・生活への不安」でも述べた通り、社会・生活への不安は高まっています。また、日本全体での社会資本は充足していないという意見が増加しています。その一方で、分野別の社会資本の充足度は、少なくない分野で向上しています。これは、社会資本整備が着実に進捗していることも一因と考えられますが、国民のなかで社会資本のなるべき姿の具体像がなく、全体的な不満はあるものの、具体の分野別社会資本については、何が不足なのかイメージできていない可能性があるのではと考えられます。

日本の将来に希望を与え得る社会資本

日本の全体的な社会資本の充足度評価（Q8、報告書 p15）と日本の将来予測（Q36、報告書 p24）との相関分析を行ったところ、充足度評価が高い人ほど、希望のある将来を予測している割合が高いことが明らかとなりました。

適切な判断を頂くためにも社会資本に関する課題等への認知度の向上が鍵

「維持管理等の重要度に関する設問（Q9）」、「諸外国でのインフラ投資増の動きに関する設問（Q30）」、「日本の厳しい地形・気候に関する設問（Q31）」の3つの問いすべてに「知っている」と回答したグループを「社会資本に関する課題等を認知しているグループ」、3つの問いすべてに「知らない」と回答したグループを「社会資本に関する課題を認知していないグループ」とし、、グループごとに、「全体的な社会資本の充足度評価」や「今後の公共事業費の増減の意向」などでどのような傾向が見られるか分析を行った結果、認知しているグループでは、「どちらともいえない」（判断保留）を選ぶ割合が全体より10～15％少なく、自らの認知している事実に基づき、充足度の判断をしっかり下していることが確認できました。

なお、認知しているグループにおいては、全体的な社会資本の充足度評価は全体平均と比較して高いにもかかわらず、今後の公共事業予算の増加にはより肯定的で、日本の将来予測はより悲観的という結果になっています。これは、社会資本に関する課題等を認知しているグループは、現況の社会資本の充足度について一定の評価はしていますが、日本の将来を楽観しておらず、社会資本をより充足させていくべきと考えているのではと推測されます。

活力保持・成長を求められている日本の将来

「全体的に高まる社会・生活への不安」で述べた通り、社会・生活への不安は全体的に高まっていますが、日本の将来なるべき姿については、前回同様に、「活力を保持した日本」、「生産性が向上し、成長する日本」を選択した割合が合わせて約 6 割に及びました。また、さまざまな価値観のグループを抽出し、相関分析も行った結果、日本の将来なるべき姿について、いずれのグループでも「活力を保持した日本」、「生産性が向上し、成長する日本」を選択した割合が合わせて 5 割を超えました。

「コロナ後の“土木”のビッグピクチャー」特別委員会　名簿

所属は 2022 年 6 月時点

「コロナ後の土木のビッグピクチャー」特別委員会					
構成	氏名	所属及び職名	構成	氏名	所属及び職名
委員長	谷口 博昭	(公社)土木学会 会長	委員	堀田 昌英	建設マネジメント委員会 委員長 東京大学
副委員長	石田 東生	筑波大学名誉教授 日本みち研究所	委員	高橋 秀	コンサルタント委員会 委員長 日本工営(株)
副委員長	屋井 鉄雄	(公社)土木学会 副会長 東京工業大学	委員	太田 誠	建設技術委員会 委員長 大成建設(株)
幹事長	塚田 幸広	(公社)土木学会 専務理事	委員	兵藤 哲朗	土木計画学委員会 委員長 東京海洋大学
委員	上田 多門	(公社)土木学会 次期会長 Shenzhen University	委員	高橋 清	土木計画学委員会 副委員長 北見工業大学
委員	楠見 晴重	(公社)土木学会 副会長 関西大学	幹事	田名部 淳	土木計画学委員会 副委員長 (株)地域未来研究所
委員	塚原 浩一	(公社)土木学会 副会長 (公財)リバーフロント研究所	幹事	小池 淳司	土木計画学委員会 幹事長 神戸大学
委員	水谷 誠	(一社)日本建設業連合会	幹事	白水 靖郎	中央復建コンサルタンツ(株)
委員	松岡 斉	(株)日本総合研究所	幹事	木俣 順	中央復建コンサルタンツ(株)
委員	鹿野 正人	(一財)建設業技術者センター	幹事	中島 敬介	(公社)土木学会 事務局
委員	川崎 茂信	(一財)国土技術研究センター			

将来インフラ WG 構成					
構成	氏名	所属及び職名	構成	氏名	所属及び職名
主査	小池 淳司	神戸大学 土木計画学委員会 幹事長	委員	杉本 容子	ワイキューブ・ラボ
委員	福田 大輔	東京大学 企画委員会幹事長	委員	楠田 悦子	モビリティジャーナリスト
委員	中村 晋一郎	名古屋大学 支部 WG(中部支部)	委員	山田 菊子	東京工業大学
委員	大西 正光	建設マネジメント委員会 幹事長	委員	塚田 幸広	(公社)土木学会 専務理事
委員	今井 敬一	コンサルタント委員会 幹事長	委員	木俣 順	中央復建コンサルタンツ(株)
委員	白水 靖郎	中央復建コンサルタンツ(株)	委員	中島 敬介	(公社)土木学会 事務局
委員	丹下 真啓	(一社)システム科学研究所			
委員	日比野 直彦	政策研究大学院大学			
委員	牧野 和彦	(一財)計量計画研究所			
委員	山田 順之	鹿島建設(株)			

note コンテストWG		
構成	氏名	所属及び職名
委員長	谷口 博昭	(公社)土木学会 会長
委員	谷 彩音	パシフィックコンサルタンツ(株)
委員	塚田 幸広	土木学会専務理事
委員	福田 大輔	企画委員会幹事長 東京大学
委員	福田 敬大	国土交通省 国土技術政策総合研究所
委員	湯浅 岳史	パシフィックコンサルタンツ(株)
委員	小松 淳	土木学会 土木広報センター 日本工営(株)
委員	濱 慶子	若手パワーアップ小委員会委員長 (株)熊谷組
委員	堀口 智也	若手パワーアップ小委員会副委員長 パシフィックコンサルタンツ(株)
委員	家久 冬萌	若手パワーアップ小委員会幹事長 (株)エイト日本技術開発

BP 支部 WG		
構成	氏名	所属及び職名
北海道	岸 邦宏 茂木 秀則	北海道大学 札幌市
東北	原 祐輔 水谷 大二郎 大竹 雄	東北大学
関東	藤山 知加子 玉嶋 克彦	横浜国立大学 大成建設(株)
中部	中村 晋一郎	名古屋大学
関西	勝見 武	京都大学
中国	小野 祐輔	鳥取大学
四国	荒木 裕行 水本 規代	香川大学 (株)Sorani
西部	日高 保 塚原 健一	福岡県 九州大学
委員	塚田 幸広	土木学会

草案策定 WG 構成		
構成	氏名	所属及び職名
主査	屋井 鉄雄	(公社)土木学会 副会長 東京工業大学
委員	水谷 誠	(一社)日本建設業連合会
委員	田名部 淳	土木計画学委員会 副委員長 (株)地域未来研究所
委員	小池 淳司	土木計画学委員会 幹事長 神戸大学
委員	日比野 直彦	政策研究大学院大学
委員	白水 靖郎	中央復建コンサルタンツ(株)
委員	木俣 順	中央復建コンサルタンツ(株)
委員	柳川 篤志	中央復建コンサルタンツ(株)
委員	塚田 幸広	(公社)土木学会 専務理事
委員	中島 敬介	(公社)土木学会 事務局

定価 1,650 円（本体 1,500 円＋税 10%）

Beyond コロナの日本創生と土木のビックピクチャー〔提言〕～
人々の Well-being と持続可能な社会に向けて～

令和 5 年 3 月 1 日　第 1 版・第 1 刷発行

編集者……公益社団法人　土木学会
コロナ後の”土木”のビッグピクチャー特別委員会
委員長　谷口　博昭
発行者……公益社団法人　土木学会　専務理事　塚田　幸広

発行所……公益社団法人　土木学会
〒160-0004　東京都新宿区四谷 1 丁目（外濠公園内）
TEL　03-3355-3444　FAX　03-5379-2769
http://www.jsce.or.jp/
発売所……丸善出版株式会社
〒101-0051　東京都千代田区神田神保町 2-17
TEL　03-3512-3256　FAX　03-3512-3270

ISBN978-4-8106-1083-3
印刷・製本・用紙：シンソー印刷（株）